装备制造大类新形态教材

# Java 物联网程序设计

主　编　谢中梅　吴圭亮　谭志刚
副主编　廖盛滋　余苏丹　叶荣杰

哈尔滨工业大学出版社

# 内 容 简 介

本书是由校企合作共同开发的新形态教材,紧跟时代特色,融入课程思政及"1+X"证书内容,配套江西省职业教育装备制造类精品在线开放课程资源,支持移动学习,可用于线上线下混合教学。本书总结了作者多年的物联网专业教学和指导学生参加竞赛的经验,采用项目驱动式的教学设计,对 Java 物联网开发各方面的知识进行讲解,完成不同物联网程序设计任务。全书共分为 10 个项目,内容包括初识 Java 与物联网、传感数据解析和控制指令生成、从串口获取传感器数据、采集传感器数据的接口、认识 Java 常用类、智能家居系统界面开发和事件处理、初识 Java 集合、物联网 IO 流、实时更新数据、网络与定位技术的使用。

本书与时俱进,紧跟社会、科技、生活需要,体现新技术、新设备、新工艺,以就业为导向,遵循技能人才成长和职业发展规律,充分体现职业特征,满足职业生涯发展需要,可操作性强,适合作为各类职业院校及应用型本科院校物联网应用技术和相关专业的教材,也可作为物联网相关从业者和爱好者的参考用书。

**图书在版编目(CIP)数据**

Java 物联网程序设计/谢中梅,吴圭亮,谭志刚主编.—哈尔滨:哈尔滨工业大学出版社,2024.4
 ISBN 978−7−5767−1314−5

 Ⅰ.①J… Ⅱ.①谢… ②吴… ③谭… Ⅲ.①JAVA 语言−程序设计②互联网络−应用③智能技术−应用 Ⅳ.①TP312②TP393.4③TP18

中国国家版本馆 CIP 数据核字(2024)第 068735 号

策划编辑 王桂芝
责任编辑 周一瞳
出版发行 哈尔滨工业大学出版社
社　　址 哈尔滨市南岗区复华四道街 10 号　邮编 150006
传　　真 0451−86414749
网　　址 http://hitpress.hit.edu.cn
印　　刷 辽宁新华印务有限公司
开　　本 787 mm×1 092 mm 1/16 印张 16.5 字数 406 千字
版　　次 2024 年 4 月第 1 版　2024 年 4 月第 1 次印刷
书　　号 ISBN 978−7−5767−1314−5
定　　价 59.80 元

# 前　　言

物联网是新一代信息技术的高度集成和综合运用,具有渗透性强、带动作用大、综合效益好的特点。推进物联网的应用和发展有利于促进生产生活和社会管理方式向智能化、精细化、网络化方向转变,对于提高国民经济和社会生活信息化水平、提升社会管理和公共服务水平、带动相关学科发展和技术创新能力增强、推动产业结构调整和发展方式转变具有重要意义。我国已将物联网作为战略性新兴产业的一项重要组成内容。

随着开设物联网专业的院校逐年增加,从事该行业的技术人员数量递增,有关物联网的书籍需求也越来越大。目前与物联网应用技术专业对口的系列教材不多,且缺少企业的参与,工学结合特色不明显,偏重理论,与企业实际项目结合较少。

为深入贯彻落实党的二十大精神,彰显职业教育类型院校特色,本书在立德树人根本任务的新高度下,将工匠精神等思政元素融入专业人才培养过程。本书由院校与企业联合编写,理论结合实际,项目均选自企业真实案例,实用性强,体现了"案例引入 → 知识铺垫 → 案例拓展",知识点与技能层层递进的编写特点,从而实现了"企业岗位技能需求"与"学校课程教学设计"的有效对接和融合。企业人员也可以按需参与课程的教学,最终实现课程在持续应用过程中的持续性动态发展。

本书从 Java 语言的基本特点入手,介绍 Java 语言的基本概念和编程方法,然后深入介绍 Java 语言的高级特性。书中内容涉及 Java 语言中的基本语法、数据类型、类、异常及线程等,基本覆盖了 Java 语言的大部分实用技术,是进一步使用 Java 语言进行技术开发的基础。

全书共分为 10 个项目,内容包括初识 Java 与物联网、传感数据解析和控制指令生成、从串口获取传感器数据、采集传感器数据的接口、认识 Java 常用类、智能家居系统界面开发和事件处理、初识 Java 集合、物联网 IO 流、实时更新数据、网络与定位技术的使用。

本书由江西应用技术职业学院谢中梅、吴圭亮和谭志刚担任主编,江西应用技术职业学院廖盛滢、余苏丹和深圳市讯方技术股份有限公司叶荣杰担任副主编。全书案例源代码部分由北京新大陆时代教育科技有限公司提供。

　　限于编者水平,书中疏漏之处在所难免,敬请各位读者不吝赐教,以求共同进步,感激不尽。

编　者

2024 年 1 月

# 目　　录

# 项目 1　初识 Java 与物联网

Java 是一种广泛应用的计算机编程语言,自 1995 年问世以来,便在编程领域中占据了一席之地。Java 语言具有跨平台、面向对象、多线程等特点。它的语法简洁而清晰,易于学习掌握,因此在软件开发中备受欢迎。

物联网是指通过各种物理设备将物品连接起来,实现智能化管理和控制的一种技术。在物联网中,各种设备需要进行数据交换和通信,这就需要一种高效的编程语言来实现。

随着科技的不断发展,计算机和互联网已经成为现代社会中不可或缺的一部分。Java 作为一种广泛使用的编程语言,在物联网领域中发挥着越来越重要的作用。

据相关数据统计,Java 在物联网开发中的应用率非常高,超过 70% 的物联网应用采用了 Java 语言进行开发。此外,随着物联网技术的不断发展,Java 在物联网安全、数据处理等方面也得到了进一步的优化和提升。

随着智能家居、智能制造、智慧城市等领域的快速发展,物联网技术的应用越来越普遍。物联网技术的广泛应用也为 Java 带来了新的发展机遇。在这些领域中,Java 作为一种重要的编程语言,为各种物联网设备的开发和互联提供了强大的支持。同时,物联网技术的发展也为 Java 提供了更广阔的应用空间和更严格的技术要求。

展望未来,Java 和物联网将继续发挥重要作用,推动社会的发展和进步。Java 将继续保持其作为主流编程语言的地位,为更多开发者提供更优质的开发工具和更完善的开发环境。同时,随着物联网技术的不断更新和升级,Java 将在物联网应用开发中发挥更大的作用,促进物联网技术的进一步发展和应用。本项目将从一个初识者的角度介绍学习物联网技术需要了解掌握的 Java 和物联网的基础知识,以及相关的技术和框架。

## 任务 1.1　Java 入门

### 学习目标

(1) 了解 Java 语言的发展、特点和工作机制。
(2) 熟悉 IDEA 开发环境搭建。
(3) 熟练掌握用 IDEA 编写 Java 程序。

**工作任务**

搭建 IDEA 开发环境,了解一个完整的 Java 程序开发过程。

**课前预习**

(1)简述 Java 语言的特点。
(2)简述 Java 工作机制。
(3)简述安装 IDEA 步骤。

**相关知识**

Java 入门

### 1. 认识 Java

Java 是一种广泛应用的计算机编程语言,拥有丰富的类库和工具,可以方便地进行各种开发工作,这些优点使得 Java 在物联网领域中得到了广泛应用。下面将从 Java 的发展、特点和工作机制三个方面进行详细的介绍。

(1)Java 的发展。

Java 起源于 1991 年,由 Sun Microsystems 公司开发,最初是用于智能卡和游戏控制器的嵌入式系统。1995 年,由 Sun Microsystems 公司正式发布了 Java 1.0 版,这是一种面向对象、跨平台的网络编程语言,它具有卓越的通用性、安全性和平台移植性。随着版本的迭代更新,Java 在 20 多年的时间里取得了突飞猛进的发展,如今已成为计算机编程领域的标准语言之一。在物联网领域,Java 同样发挥着举足轻重的作用。

(2)Java 的特点。

① 面向对象。Java 是一种完全面向对象的语言,这意味着在 Java 中,一切都是对象,每个对象都有它的状态(成员变量)和方法(成员函数)。

② 平台无关性。Java 采用了"编译一次,到处运行"的策略,使得 Java 程序可以在任何支持 Java 的平台上运行,无须进行任何修改。

③ 自动内存管理。Java 使用垃圾回收机制来自动管理内存,程序员无须手动分配和释放内存,这大大减少了内存泄漏和程序错误的风险。

④ 多线程。Java 支持多线程编程,可以实现并行计算和复杂的交互程序。

⑤ 网络编程。Java 提供了丰富的应用程序编程接口(API),方便程序员进行网络编程。

(3)Java 的工作机制。

Java 程序在执行时需要经过三个步骤:编译、链接和运行。

① 编译。Java 源代码通过 Java 编译器编译成字节码文件(以.class 为扩展名)。

② 链接。Java 虚拟机(JVM)将字节码文件加载到内存中,并执行相应的操作。

③ 运行。JVM 通过解释和执行字节码来执行 Java 程序。

Java 的这种工作机制使得它具有跨平台性和可移植性,同时也提高了程序的可靠性。

　　总结起来,Java是一种功能强大的编程语言,它的发展历程充满了挑战和创新,它的特点使得它在各种应用领域中都有广泛的应用,它的工作机制使得它成为一种高效、可靠的编程语言。

### 2. IDEA 开发环境搭建

（1）IDEA 简介。

　　IDEA 全称 IntelliJ IDEA,是用于 Java 语言开发的集成环境(也可用于其他语言)。IntelliJ 是业界公认最好的 Java 开发工具之一,尤其在智能代码助手、代码自动提示、重构、J2EE 支持、Ant、Junit、CVS 整合、代码审查、创新的 GUI 设计等方面的功能可以说是超常的。IDEA 是 JetBrains 公司的产品。

　　（2）安装 IDEA。

　　安装 IDEA 步骤(注意:安装目录建议不要在 C 盘,路径不要带中文和特殊字符)如下。

　　① 下载 IDEA 安装包。进入官网 https://www.jetbrains.com.cn/idea/。IntelliJ IDEA 官网首页如图 1.1 所示。

图 1.1　IntelliJ IDEA 官网首页

　　② 点击下载,IntelliJ IDEA 版本选择页面如图 1.2 所示。根据需要,选择合适的 IntelliJ IDEA 版本进行下载。如果不确定应该选择哪个版本,可以参考官方网站上的版本对比表做出决定。

4

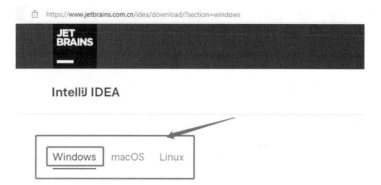

图 1.2　IntelliJ IDEA 版本选择页面

　　③ 双击下载好的安装包，出现图 1.3 所示 IntelliJ IDEA 安装界面，开始 IntelliJ IDEA 安装过程。

图 1.3　IntelliJ IDEA 安装界面

④ 点击"Next"按钮，选择安装路径，IntelliJ IDEA 设置安装路径如图 1.4 所示。可以默认安装路径，也可以手动更改。

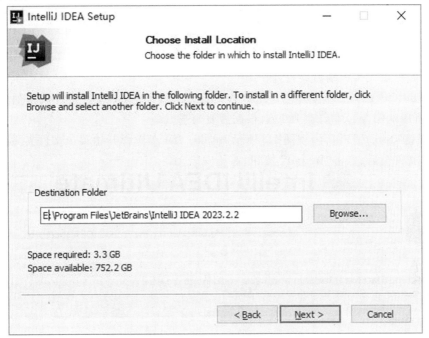

图 1.4    IntelliJ IDEA 设置安装路径

⑤ 点击"Next"按钮，出现图 1.5 所示 IntelliJ IDEA 安装选项设置界面，勾选"IntelliJ IDEA"选项。

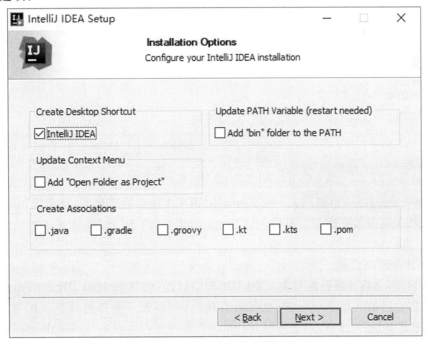

图 1.5    IntelliJ IDEA 安装选项设置界面

对图 1.5 中的选项说明如下。

a.Create Desktop Shortcut。创建桌面快捷方式图标。

b.Update Context Menu。 是否将从文件夹打开项目添加至鼠标右键,根据需要勾选。

c.Create Associations。 关联文件格式,可以不推荐勾选,使用如 Sublime Text、EditPlus 等轻量级文本编辑器打开。

d.Update PATH Variable (restart needed)。是否将 IDEA 启动目录添加到环境变量中,即可以从命令行中启动 IDEA,根据需要勾选。

⑥ 点击"Next" 按钮,出现图 1.6 所示 IntelliJ IDEA 选择开始菜单文件夹界面。选择开始菜单文件夹后,点击"Install" 按钮,等待安装。

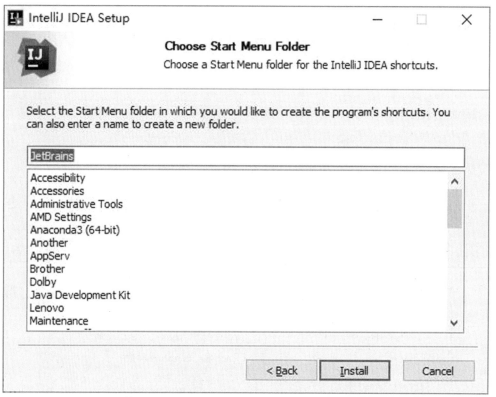

图 1.6　IntelliJ IDEA 选择开始菜单文件夹界面

⑦ 待安装完成后,出现图 1.7 所示 IntelliJ IDEA 安装完成界面,点击"Finish" 按钮,IntelliJ IDEA 就安装完成了。可以勾选"Run IntelliJ IDEA" 选项,表示关闭此窗口后运行 IDEA。

(3)IDEA 使用设置。

首次启动,会自动进行配置 IntelliJ IDEA 的过程(选择 IntelliJ IDEA 界面显式风格等),可根据自己的喜好进行配置,也可以直接退出,即表示全部选择默认配置。IntelliJ IDEA 欢迎界面如图 1.8 所示,选择"Customize",在界面右边点击"Color theme"的下拉列表,可以修改设置色彩主题。

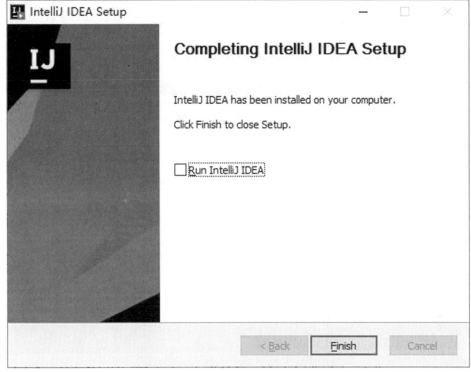

图 1.7　　IntelliJ IDEA 安装完成界面

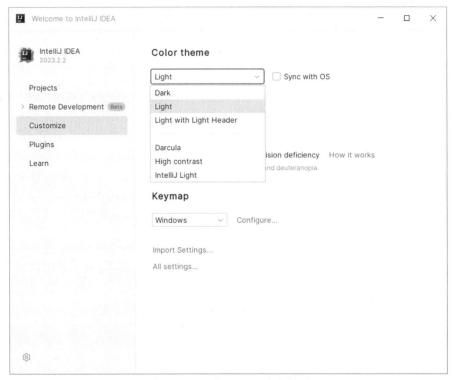

图 1.8　　IntelliJ IDEA 欢迎界面

8

安装了 IntelliJ IDEA 之后,打开 IntelliJ IDEA,然后进行 IntelliJ IDEA 的设置。IDEA 有全局配置和项目配置两种设置。在欢迎页进行的 Settings 是对全局配置进行设置。而在项目中,Settings 为当前项目的设置,一般建议全局配置。若不是首次启动,可点击"File"→"Settings..."进入配置界面。IntelliJ IDEA 中 File 下拉菜单如图 1.9 所示。

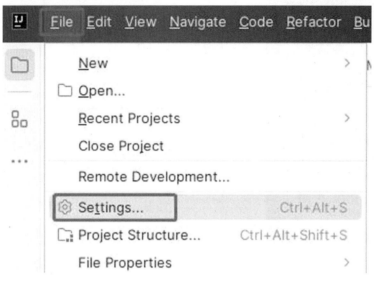

图 1.9　IntelliJ IDEA 中 File 下拉菜单

从 IntelliJ IDEA 欢迎界面中选择"Customize",在界面右边点击"All settings...",可以进入 IntelliJ IDEA 设置界面,如图 1.10 所示。可以进行 IDEA 外观与行为设置(Appearance & Behavior),快捷键设置(Keymap),编辑器设置(Editor),插件安装(Plugins),版本控制(Version Control),编译、运行、发布(Build,Execution,Deployment),语言和框架(Languages & Frameworks),工具(Tools),设置同步(Settings Sync),高级设置(Advanced Settings)等。

其中,Appearance & Behavior 包括外观(Appearance)、新的用户界面(New UI)、菜单和工具栏管理(Menus and Toolbars)、系统设置(System Settings)、文件颜色(File Colors)、IDEA 操作作用域(Scopes)、通知事项(Notifications)、数据编辑器和查看器(Data Editor and Viewer)、快捷菜单(Quick Lists)、环境变量(Path Variables)。IntelliJ IDEA 外观与行为设置栏目如图 1.11 所示。

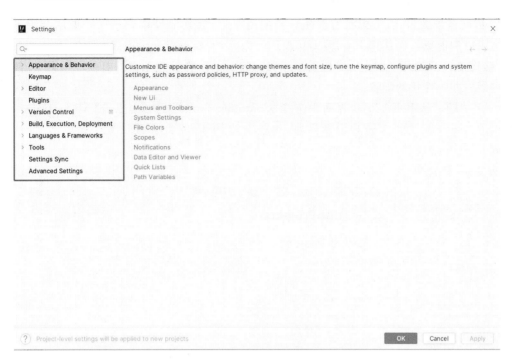

图 1.10　　IntelliJ IDEA 设置界面

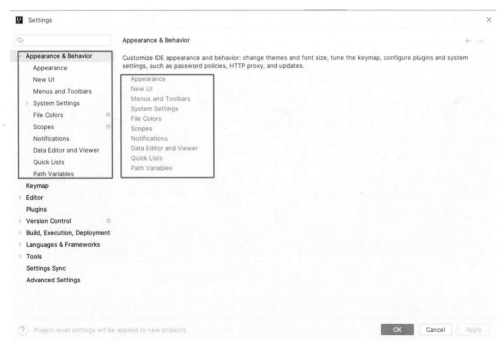

图 1.11　　IntelliJ IDEA 外观与行为设置栏目

　　因配置项太多,且考虑到有些配置前期用不上,故其他设置就不一一展示介绍了。但为了后期能更好地使用 IntelliJ IDEA 进行编码,下面重点介绍主题、字体、滚轮调整字体、编码格式、自动导包、行号分隔符显示、代码提示、注释颜色和文件模板等设置,以便读者进行一些个性化的配置。

　　① 主题。从 IDEA 欢迎界面中选择"Customize",在界面右边点击"All settings…",可以进入 IntelliJ IDEA 外观设置界面,如图 1.12 所示,在此修改设置主题风格、背景图片等。

图 1.12　IntelliJ IDEA 外观设置界面

　　② 字体。IntelliJ IDEA 字体大小设置界面如图 1.13 所示,可以在这个界面中设置编辑器的字体大小。建议把字体大小设置得合适一些,不要太小。

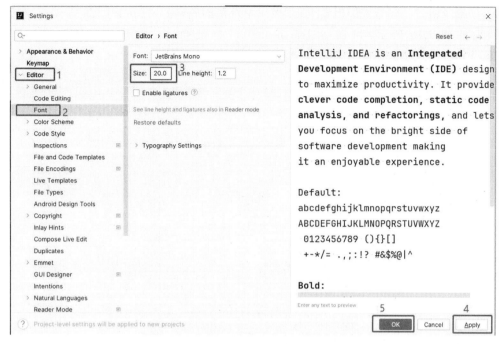

图 1.13　　IntelliJ IDEA 字体大小设置界面

③ 滚轮调整字体。IntelliJ IDEA 滚轮调整字体显示大小设置界面如图 1.14 所示,可以在这个界面中设置滚轮调整字体显示的大小。

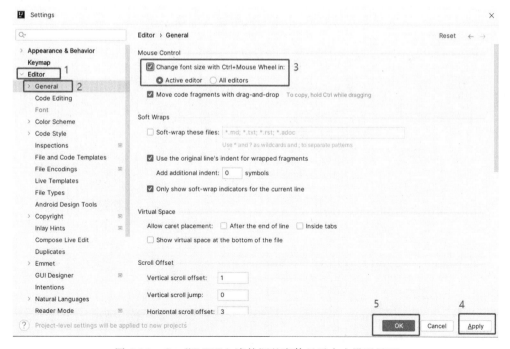

图 1.14　　IntelliJ IDEA 滚轮调整字体显示大小设置界面

④ 编码格式。安装好编辑器之后,必须先设置编码格式。IntelliJ IDEA 编码格式设置界面如图 1.15 所示,可以在这个界面中进行设置。 在这里统一修改编码格式为 UTF-8。

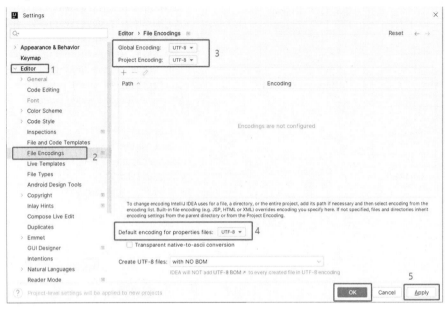

图 1.15　IntelliJ IDEA 编码格式设置界面

⑤ 自动导包。IntelliJ IDEA 自动导包设置界面如图 1.16 所示,可以在这个界面中开启自动导包功能,大大提高开发效率,否则写代码就太麻烦了。

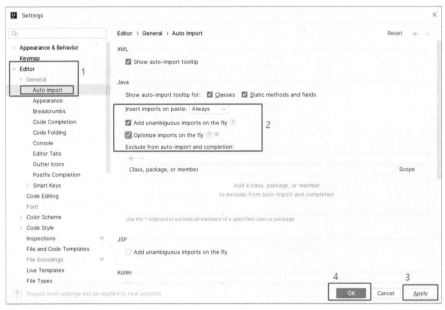

图 1.16　IntelliJ IDEA 自动导包设置界面

⑥ 行号分隔符显示。IntelliJ IDEA 显示行号分隔符设置界面如图 1.17 所示,可以在这个界面中设置显示出代码的行号和分隔符。

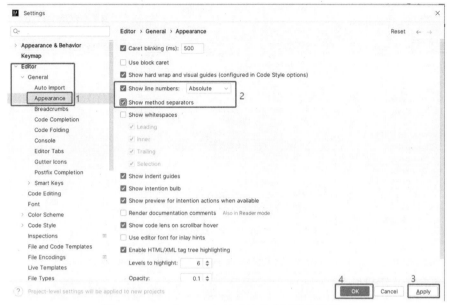

图 1.17　IntelliJ IDEA 显示行号分隔符设置界面

⑦ 代码提示。IntelliJ IDEA 代码提示设置界面如图 1.18 所示,可以在这个界面中勾选"First letter only"设置代码提示。

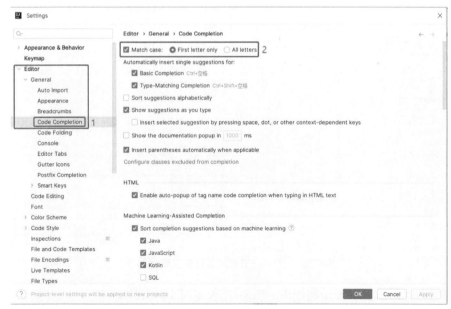

图 1.18　IntelliJ IDEA 代码提示设置界面

⑧ 注释颜色。IntelliJ IDEA 注释颜色设置界面如图 1.19 所示,可以在这个界面中对代码的注释进行设置。

13

Java 物联网程序设计

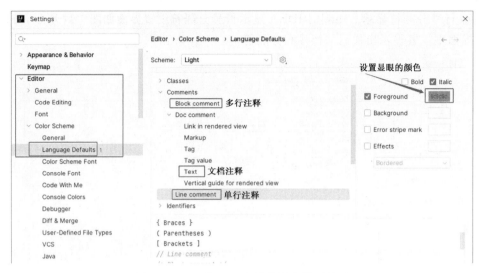

图 1.19　IntelliJ IDEA 注释颜色设置界面

⑨ 文件模板。IntelliJ IDEA 文件模板设置界面如图 1.20 所示,可以在这个界面中设置个人喜欢的文件模板。

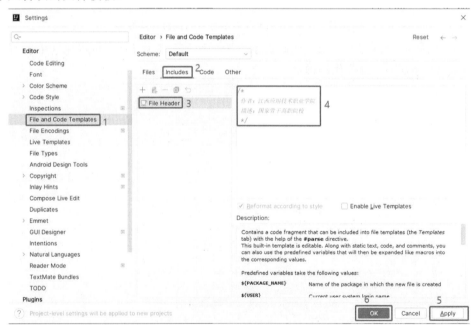

图 1.20　IntelliJ IDEA 文件模板设置界面

配置完成后,就可以开始使用 IntelliJ IDEA 编写 Java 程序了。

**任务实施**

【例 1.1】用 IntelliJ IDEA 编写一个简单的 Java 程序。

### 1. 创建 Java 项目

（1）在 IntelliJ IDEA 中有两种创建新项目的方法：一种是在 IntelliJ IDEA 欢迎界面上点击"New Project"（图 1.21）；另一种是打开 IntelliJ IDEA 软件，点击界面左上角"File"→"New"→"Project..."（图 1.22）。

IDEA 使用设置及如何在 IDEA 中创建并运行Java 程序

图 1.21　　在 IntelliJ IDEA 欢迎界面上新建项目

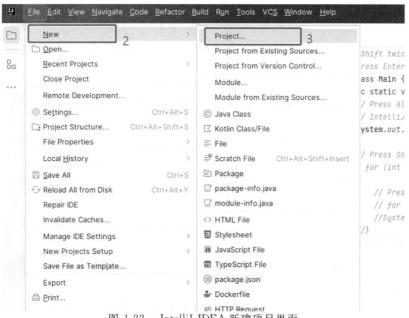

图 1.22　IntelliJ IDEA 新建项目界面

（2）出现图 1.23 所示 IntelliJ IDEA 创建项目界面，默认是 untitled，填写项目名称是 untitled，可以修改填写想设置的项目名称。例如，设置填写项目名称为 JavaDemo，然后选择项目存放的路径，选择 JDK 版本，最后点击"Create"按钮。

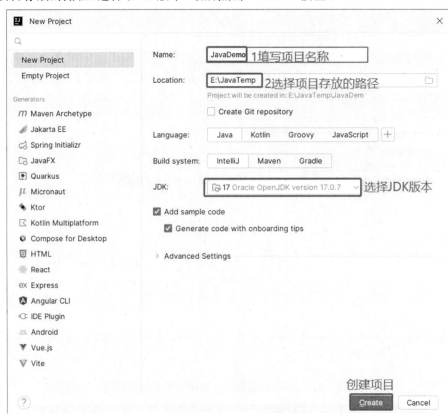

图 1.23　IntelliJ IDEA 创建项目界面

（3）项目创建完成后，出现图 1.24 所示 IntelliJ IDEA 项目结构界面，然后就可以创建 Java 类了。

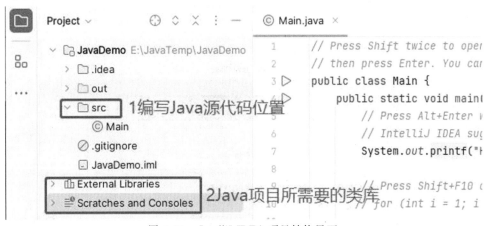

图 1.24　IntelliJ IDEA 项目结构界面

## 2. 创建 Java 文件

（1）创建文件包，点击"src"→"New"→"Package"，新建包名为 MyDemo，如图 1.25 所示。

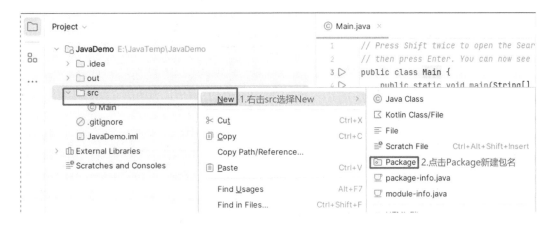

图 1.25　创建文件包

（2）在文件包下面创建 Java 类文件，点击"MyDemo"→"New"→"Java Class"（图 1.26），给类文件命名为 HelloWorld。

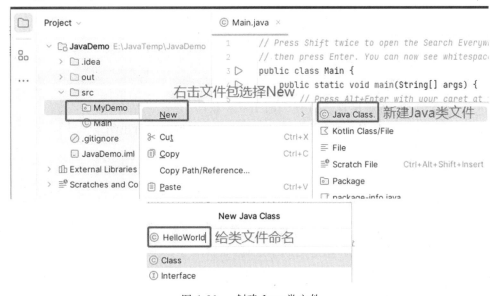

图 1.26　创建 Java 类文件

（3）在 Java 类中编写相关的业务代码，然后运行 Java 程序。代码的左侧会有绿色的三角箭头，点击即可运行或点击"Run"→"Run"运行，如图 1.27 所示。

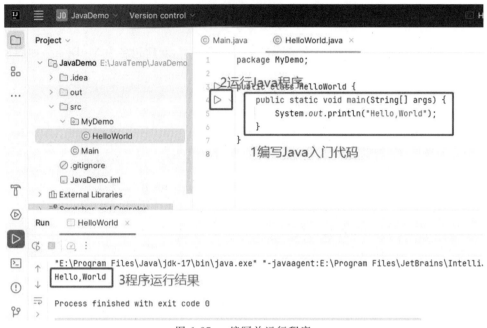

图 1.27　编写并运行程序

## 任务训练

（1）下列关于 Java 语言特点的叙述中，错误的是（　　　）。

A. Java 是面向过程的编程语言

B. Java 支持分布式计算

C. Java 是跨平台的编程语言

D. Java 支持多线程

（2）下载、安装、配置出自己的 IntelliJ IDEA 软件。

（3）利用 IntelliJ IDEA 编写出一个 HelloWorld 案例并运行出结果。

## 拓展知识

### 1. JDK、JRE、JVM 之间的关系

JDK(Java development kit) 为编译环境，是 Java 开发工具包。JDK 是整个 Java 开发的核心，它集成了 JRE 和一些好用的小工具，如 javac.exe、java.exe、jar.exe 等。JDK 包括 Java 运行环境 JRE(Java runtime environment)、一些 Java 工具(javac/java/jdb 等) 和 Java 基础的类库（即 Java API，包括 rt.jar）。

通常在安装好 JDK 之后，JRE 也会自动安装好。

JRE (Java runtime environment) 为运行环境，负责装载用户自定义的类（分为从本地装载和从网络装载两种）和 Java API 类。

JVM 为平台软件，负责将字节码解释成机器码并提交给操作系统执行。换句话说，JVM 就是 Java 虚拟机，它只认识 xxx.class 这种类型的文件，能够将 class 文件中的字节

码指令进行识别并调用操作系统向上的 API 完成动作。因此,JVM 是 Java 能够跨平台的核心,所有的 Java 程序会首先被编译为.class 的类文件,这种类文件可以在虚拟机上执行。JVM 调用解释所需的类库 lib,而 JRE 包含 lib 类库。JVM 屏蔽了与具体操作系统平台相关的信息,使得 Java 程序只需生成在 Java 虚拟机上运行的目标代码(字节码),就可以在多种平台上不加修改地运行(跨平台性是指不同的浏览器安装不同的 Java 虚拟机,JVM 将字节码与对应操作系统相映射,达到 Java 程序的跨平台性)。

简单来说,三者的关系是

$$JDK > JRE > JVM$$
$$JDK = JRE + 开发工具集(如 Javac 编译工具等)$$
$$JRE = JVM + Java\ SE\ 标准类库$$

如果想要运行一个开发好的 Java 程序,计算机中只需要安装 JRE 即可。

### 2. JDK、JRE、JVM 的联系与区别

(1)JDK、JRE、JVM 的联系。

利用 JDK 写了自己的 Java 代码程序后,通过 JDK 中的编译程序(javac)将文本 java 文件编译成 Java 字节码,在 JRE 上运行这些 Java 字节码,JVM 解析这些字节码,映射到 CPU 指令集或 OS 的系统调用。

(2)JDK 与 JRE 的区别。

在 bin 文件夹下会发现,JDK 有 javac.exe 而 JRE 没有,javac 指令是用来将 java 文件编译成 class 文件的,这是开发者需要的,而用户(只需要运行的人)是不需要的。JDK 还有 jar.exe、javadoc.exe 等用于开发的可执行指令文件,这也证实了一个是开发环境,一个是运行环境。JDK 是给开发人员使用的,而 JRE 和 JVM 是给普通用户使用的。

(3)JRE 与 JVM 的区别。

JVM 并不代表就可以执行 class 了,JVM 执行.class 还需要 JRE 下 lib 类库(rt.jar)的支持。

### 3. IDEA 快捷键

最好记住 IDEA 常用的一些快捷键,边练习边记忆,提高编程的效率。如果 IDEA 中的一些快捷键用起来不顺手,可以把默认的快捷键修改成自己想要的快捷键。首先在 IDEA 的设置中打开搜索选项,然后选择要修改的某个快捷键进行重新设置,自定义快捷键如图 1.28 所示。

图 1.28　自定义快捷键

# 任务 1.2　认识物联网

**学习目标**

（1）理解物联网的基本概念及原理。
（2）了解物联网技术体系结构、发展现状及应用场景。
（3）初步掌握物联网开发工具和平台。

**工作任务**

熟悉物联网开发工具和平台，开发一个简单的 Java 物联网程序。

**课前预习**

（1）简述物联网的概念。
（2）物联网主要有哪三层结构？
（3）物联网的核心技术有哪些？

认识物联网

**相关知识**

### 1. 物联网的概念

物联网（Internet of things，IoT）这个概念近年来越来越受到人们的关注。物联网是指通过互联网对物品进行远程信息传输和智能化管理的网络，是将所有物理设备、物品、传感器等连接到互联网上，实现智能化识别、定位、跟踪、监控和管理的一种技术。

物联网的起源可以追溯到 1999 年，当时美国科学家 Kevin Ashton 提出了"物联网"这个概念，旨在解决物资与信息的匹配问题。

物联网的核心技术包括传感器技术、网络通信技术、云计算技术、人工智能技术等。传感器技术是物联网的关键技术之一，它可以实现物联网中物品与信息的转换。网络通信技术是实现物联网信息传输的基础，包括 Wi-Fi、蓝牙、ZigBee 等。云计算技术是实现物联网信息存储和处理的基础，可以实现数据存储、分析和处理等功能。人工智能技术是实现物联网智能化管理的重要技术，通过对大量数据的分析，可以实现智能预测和决策等功能。

随着技术的不断进步和发展，物联网的应用已经深入各个领域，包括智能家居、智能交通、智能医疗、智能城市等。智能家居是指通过智能化设备对家庭环境、生活场景等实现自动化控制和智能化管理，包括智能照明、智能安防、智能家电等。智能交通是指通过智能化设备对交通运行进行监控和管理，包括智能信号灯、智能车载设备等。智能医疗是指通过智能化设备对医疗过程进行监控和管理，包括智能医疗器材、远程医疗等。智能城市是指通过智能化设备实现城市的智能化管理和监控，包括智能环保、智能安防等。

总的来说，物联网已经成为现代社会不可或缺的一部分，它将给人们的生活和工作带来革命性的影响。

## 2. 物联网技术体系结构

物联网技术体系结构主要包括三个层次，从下到上依次是感知层、网络层和应用层。物联网技术体系结构如图 1.29 所示。

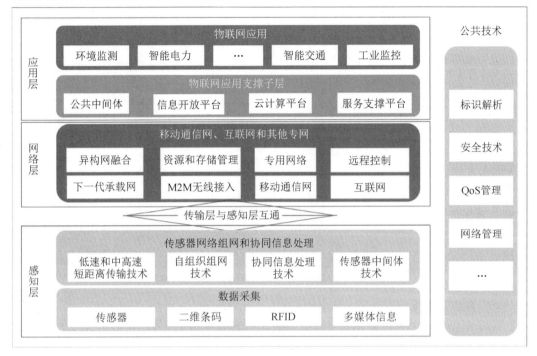

图 1.29　物联网技术体系结构

（1）感知层。

感知层的主要作用是识别物体，采集环境信息。感知层由各种传感器及传感器网关构成，是物联网的重要基础，它可以将物理量转化为电信号，再通过数据传输网络将信号发送到处理中心，实现数据的实时监测和管理。感知层包括二氧化碳浓度传感器、温度传感器、湿度传感器、二维码标签、射频识别（RFID）标签和读写器、摄像头、全球定位系统（GPS）等感知终端。

（2）网络层。

网络层主要负责传递和处理感知层获取的信息，由各种私有网络、互联网、有线和无线通信网、网络管理系统和云计算平台等组成，相当于人的神经中枢和大脑，如 Wi-Fi、蓝牙、ZigBee、LoRa 等。这些技术可以实现在各种环境下设备的无线连接和数据传输。

（3）应用层。

应用层是物联网和用户（包括人、组织和其他系统）的接口，它与行业需求结合，实现物联网的智能应用。物联网的行业特性主要体现在其应用领域内，目前绿色农业、工业监控、公共安全、城市管理、远程医疗、智能家居、智能交通和环境监测等各个行业均有物联网应用的尝试，某些行业已经积累了一些成功的案例。

总之，物联网涉及的关键技术非常多，从传感器技术到通信网络技术，从嵌入式微处理节点到计算机软件系统,包含了自动控制、通信、计算机等不同领域,是跨学科的综合应用。

### 3. 物联网的应用场景

物联网的应用场景非常广泛,大致可以归纳为以下几个主要领域。

(1)智能家居。

通过物联网技术将家庭中的各种设备(如空调、电视、冰箱、照明等)连接到网络中,实现远程控制和自动化管理,提高生活的便捷性和舒适度。

(2)智能交通。

物联网技术可以实现对交通信号灯、道路监控等设施的实时监控和智能调度,提高道路通行效率和安全性。

(3)工业自动化。

通过物联网技术,工厂可以实现对生产线上的设备进行实时监控和智能调度,提高生产效率和降低成本。

(4)智慧医疗。

利用物联网技术可以实现对患者的实时监测和远程诊断,提高医疗服务的质量和效率。

(5)农业智能化。

利用物联网技术可以实现对农田环境的实时监测和智能控制,提高农业生产效率和可持续性。

(6)智慧城市。

通过物联网技术实现对城市环境和公共设施的智能化管理和监控,提高城市运行效率和管理水平。

此外,物联网也在智能物流、智慧能源、智能安防、智慧建筑、智能零售等领域有广泛应用。

### 4. 物联网的优势

物联网作为一种新兴技术,具有多方面的优势,这些优势不仅深刻影响了个人生活,还推动了各行各业的进步和发展。物联网的主要优势有以下几方面。

(1)智能化与自动化。

物联网能够实现设备和系统的智能化操作和自动化控制。通过传感器、数据收集和分析,物联网可以自动监测、控制和优化各种设备和过程,减少人工干预,提高效率和准确性。例如,在智能家居中,用户可以通过手机或语音助手远程控制家中的灯光、空调等设备,实现家居生活的智能化。

(2)数据收集与分析。

物联网设备能够实时收集大量数据,包括环境数据、设备状态、用户行为等。这些数据对企业和个人都具有极高的价值。通过对这些数据的分析,可以更好地了解业务运营情况、用户行为和设备性能,从而做出更准确的决策,改进产品和服务,并发现新的商机。

（3）资源优化与节能减排。

物联网能够优化资源的使用和管理,通过实时数据监测和分析,更有效地利用能源、水资源和原材料,减少能源消耗和浪费,降低对环境的影响。例如,在智能农业中,通过传感器监测土壤湿度和植物生长情况,实现精准灌溉和施肥,提高农作物的产量和质量,同时减少水资源的浪费。

（4）远程监控与维护。

物联网使企业能够远程监控和维护其设备和系统,减少现场维护的需求,降低维护成本。在医疗保健领域,智能医疗设备可以实时监测患者的健康状况,为医生提供远程诊疗的便利。在工业生产中,物联网连接机器设备,实现设备之间的数据共享和协同操作,提高生产效率和产品质量。

（5）增强安全性与实时报警。

物联网设备可以实时监控潜在的安全威胁,并在出现问题时立即发出警报,帮助企业减少损失并提高安全性。例如,智能安防系统可以在探测到异常情况时立即报警,提醒家庭成员或安保人员及时处理。

（6）创新商业模式与价值创造。

物联网为企业和组织创造了新的商业模式和价值机会。通过物联网,企业可以提供基于服务的模式,开展预测性维护、远程监控和数据分析等业务,从而创造新的收入来源和增加客户价值。例如,物联网即服务模式通过嵌入式传感器实时监测产品的使用、性能和状态,使用预测性维护代替预防性维护,为企业节省成本并创造经常性收入。

（7）提升用户体验与个性化服务。

物联网可以根据用户的需求和行为提供个性化的推荐和建议,同时提供更便捷、无缝的用户体验。在智能家居领域,物联网技术可以帮助用户更便捷地管理和控制家居设备,提高家居生活的舒适度和安全性。在零售业领域,物联网技术可以实现智能化的购物体验和精准营销,提高客户满意度和销售额。

（8）环境监测与保护。

物联网可以实时监测环境参数,如空气质量、水质、土壤污染等,及时发现和处理环境问题,保护环境和人民的健康。通过物联网技术,环境监测变得更加高效和精准,有助于制定更有效的环境保护措施。

随着技术的不断发展和成熟,物联网将在更多领域发挥重要作用,为个人、企业和社会带来更多便利和可能性。

### 5. 物联网的未来展望

物联网的未来发展前景非常广阔,可能会在以下几个方面有显著的发展。

（1）健康监测与医疗保健。

物联网健康设备和医疗技术将在确保患者和医生安全、协助检测和诊断以及管理治疗方面发挥更大作用。例如，医生可以通过物联网设备实时监控患者的健康状况，及时调整治疗方案。同时，物联网设备也可以协助公共卫生机构更准确地跟踪感染的传播，防止类似的大流行再次发生。

（2）智能家居与办公室。

物联网技术将进一步渗透到人们的日常生活中。智能家居设备将更加普及，通过物联网技术实现设备的互联互通，让家庭生活更加便利舒适。同时，物联网也将帮助智能办公室的发展，如通过物联网技术实现设备的远程控制和管理，提高工作效率。

（3）工业物联网（IIoT）。

工业物联网基础设施和平台将得到进一步发展。通过物联网技术，工厂可以对生产线上的设备进行实时监控和智能调度，提高生产效率和降低成本。同时，物联网技术也可以帮助工厂优化能源管理，实现节能减排。

（4）边缘计算。

随着物联网设备越来越多，数据处理和计算将更多地在设备边缘完成，而不是依赖云端服务器。这可以减少网络延迟，提高数据处理速度，同时也可以保护用户的隐私。

（5）更大的消费者采用率。

随着技术的进步和成本的降低，物联网设备将更加普及，消费者将更加积极地采用物联网设备来改善他们的生活。例如，消费者可能会购买智能家居设备来提高生活的便利性，或购买智能健康设备来监控自己的健康状况。

此外，未来的农业将结合物联网技术，实现农作物生长环境的智能化监测和管理，提高农业生产效率和质量，实现物联网＋智慧农业；未来的城市将结合物联网技术，实现公共设施和城市环境的智能化管理和监控，提高城市运行效率和管理水平，实现物联网＋智慧城市。

总的来说，物联网的未来发展将更加广泛、深入和复杂，在各个领域得到广泛应用，为人们的生活和工作带来更多的便利和效益，极大地改变人们的生活和工作方式。然而，也需要注意到物联网发展面临的挑战，如安全性、隐私保护、数据管理和能源消耗等问题。为解决这些问题，需要在未来的研究和开发中投入更多的精力和资源。

### 任务实施

编写一个简单的Java物联网程序来控制风扇开和关

【例1.2】编写一个简单的Java物联网程序

要求用Java程序向串口发送指令控制风扇开和关，通过导入已经写好的部分功能jar包，调用相关的方法来实现，体会并理解Java程序如何实现对物联网设备的控制。由于是第一次接触用程序控制设备，因此先来认识一下这个物联网程序中使用到的有关设备，图1.30～1.33所示分别为ADAM－4150数字量采集器、RS232－RS485转接头、继电器和风扇。

图 1.30　　ADAM－4150 数字量采集器

图 1.31　　RS232－RS485 转接头

图 1.32　　继电器

图 1.33　　风扇

除这些设备外，还需要一台电脑、相关电源、导线和工具。用 Java 程序向串口发送指令控制风扇开和关的接线图如图 1.34 所示。

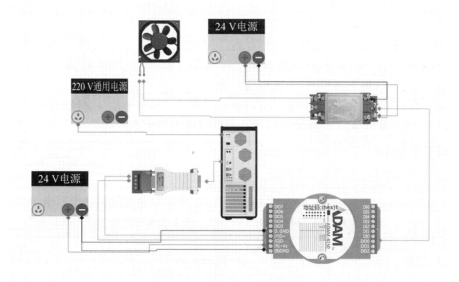

图 1.34　　用 Java 程序向串口发送指令控制风扇开和关的接线图

接下来了解一下 ADAM－4150 数字量采集器各通道开关控制指令。ADAM－4150 数字量采集模块应用 EIA RS－485 通信协议，是 POS、工业和电信应用中(如考勤、监控、数据采集系统)使用非常广泛的双向、平衡传输标准接口，支持多点连接的通信协议，允许创建多达 32 个节点的网络，最大传输距离为 1 200 m，支持在 1 200 m 时为 100 kbit/s 的高速度传输，抗干扰能力很强，布线仅有两根，非常简单。

ADAM－4150 模块 8 通道控制设备的指令见表 1.1。

表 1.1　ADAM－4150 模块 8 通道控制设备的指令

| 通道号 | 开关继电器命令 | 状态 |
|---|---|---|
| DO0 | 01 05 00 10 FF 00 8D FF | 开 |
| | 01 05 00 10 00 00 CC 0F | 关 |
| DO1 | 01 05 00 11 FF 00 DC 3F | 开 |
| | 01 05 00 11 00 00 9D CF | 关 |
| DO2 | 01 05 00 12 FF 00 2C 3F | 开 |
| | 01 05 00 12 00 00 6D CF | 关 |
| DO3 | 01 05 00 13 FF 00 7D FF | 开 |
| | 01 05 00 13 00 00 3C 0F | 关 |
| DO4 | 01 05 00 14 FF 00 CC 3E | 开 |
| | 01 05 00 14 00 00 8D CE | 关 |
| DO5 | 01 05 00 15 FF 00 9D FE | 开 |
| | 01 05 00 15 00 00 DC 0E | 关 |
| DO6 | 01 05 00 16 FF 00 6D FE | 开 |
| | 01 05 00 16 00 00 2C 0E | 关 |
| DO7 | 01 05 00 17 FF 00 3C 3E | 开 |
| | 01 05 00 17 00 00 7D CE | 关 |

注：ADAM－4150 数字量采集控制模块请求指令说明。

控制指令如下(继电器控制，功能码为 05)。

开启：01 05 00 13 FF 00 7D FF。ADAM－4150 中 DO3 通道的开启控制指令见表 1.2。

表 1.2　ADAM－4150 中 DO3 通道的开启控制指令

| 地址码 | 功能码 | 起始地址 | 起始地址 | 开 | 读取数量 | CRC 低位 | CRC 高位 |
|---|---|---|---|---|---|---|---|
| 01 | 05 | 00 | 13 | FF | 00 | 7D | FF |

关闭：01 05 00 13 00 00 3C 0F。ADAM－4150 中 DO3 通道的关闭控制指令见表 1.3。

表 1.3　ADAM－4150 中 DO3 通道的关闭控制指令

| 地址码 | 功能码 | 起始地址 | 起始地址 | 关 | 读取数量 | CRC 低位 | CRC 高位 |
|---|---|---|---|---|---|---|---|
| 01 | 05 | 00 | 13 | 00 | 00 | 3C | 0F |

其中，起始地址为 10 对应 ADAM－4150 的 DO0,11 对应 ADAM－4150 的 DO1,以

此类推。此外,根据前面要求产生的(指令)地址码、功能码、起始地址、起始地址、开、读取数量,使用"CRC16校验位工具"可以算出CRC低位和CRC高位。

### 1. 用Java程序向串口发送指令控制风扇开和关的编程步骤

(1)根据程序要求准备有关设备。

按照图1.34对设备进行连接并检查无误,把RS232-RS485转接头接到电脑,查看使用的COM口号,假设本程序使用的是COM202口。

(2)创建工程并导入相关库文件。

创建新的工程project2_fan,在"Project"的"src"下新建包"com.nle"。选中工程,右击并选择"New"→"Folder"命令,设置文件夹名为"libs",把随书资料中提供的串口通信库RXTXcomm.jar、串口管理工具类库SerialPortLib.jar和数字量设备4150控制库Controller.jar这三个文件拷贝到libs下,创建工程文件如图1.35所示。其中,RXTXcomm.jar文件是读取串口数据用的串口通信包,SerialPortLib.jar文件是基于RXTXcomm.jar文件提供的方法进行封装以便提供打开和关闭串口以及获取串口数据等方法,Controller.jar文件是对获取的传感器数据进行分析计算并提供相应的方法把传感器数据返回给调用者。在这三个文件中已有写好的可以打开和关闭串口以及通过串口发送控制指令的方法,调用这些方法即可实现相关的功能。

图1.35　创建工程文件

把这三个.jar 文件拷贝到 libs 文件夹后,选中这三个文件后右击,按以下操作把库文件添加到工程引用库中,这样工程中的类文件就可以使用这三个.jar 文件中提供的方法,具体过程如图 1.36 和图 1.37 所示。

图 1.36　导入库文件过程步骤(一)

图 1.37　导入库文件过程步骤(二)

此外,要使用串口通信库,还必须把 rxtxParallel.dll 和 rxtxSerial.dll 这两个文件拷贝到 jdk 安装目录下的 bin 文件夹中,才能正常使用串口通信。添加.dll 文件到 jdk 的 bin 文件夹中如图 1.38 所示。

注:当这两个.dll 文件添加到 jdk 目录下的 bin 文件夹中不能使用时,建议也添加到 jre 目录下的 bin 文件夹中。

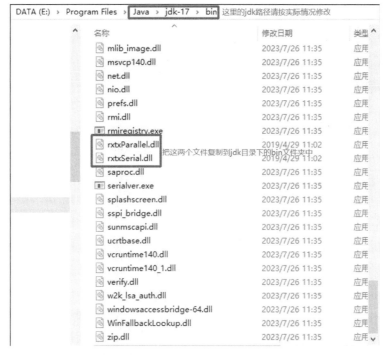

图 1.38　　添加.dll 文件到 jdk 的 bin 文件夹中

（3）打开串口发送控制指令控制风扇开和关。

要控制风扇开和关,需要向串口中发送对应 DO 口的控制指令。由于本实验的风扇接在 DO0 口,因此查 ADAM－4150 控制指令,得知开风扇的指令是 01 05 00 10 FF 00 8D FF,关风扇的指令是 01 05 00 10 00 00 CC 0F。

在包 com.nle 下新建类 TestFan,点击包名"com.nle" → "New" → "Java Class"（图1.39）,给类文件命名为 TestFan(图 1.40)。

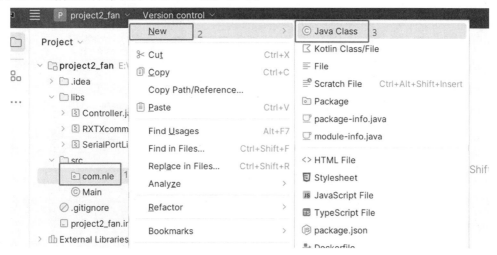

图 1.39　　在包 com.nle 下新建类 TestFan 过程(一)

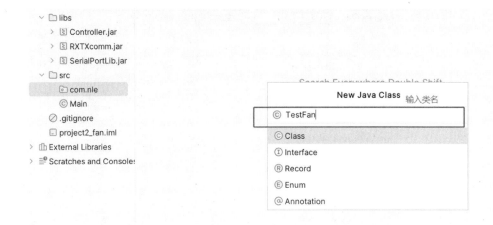

图 1.40　在包 com.nle 下新建类 TestFan 过程(二)

在 main 方法中输入图 1.41 所示打开串口发送控制指令控制风扇开和关代码,因为使用了串口,有可能出错,所以建议在 main 方法后面添加 throw SerialPortException 代表相关出错处理。main 方法中的第 11～22 行代码用于获取串口对象、打开串口、初始化 4150 数字量设备、发送控制指令和关闭串口。当输入第 12、14、16 行代码时,用 Ctrl＋Shift＋O 自动导入包,就会产生 3～6 行的代码,表示程序中使用到的相关类在那些包下。这些类之所以可以使用,是因为前面已经把相关类所在的 jar 文件添加到工程中了。

```java
ⓒ TestFan.java ×
1       package com.nle;
2
3       import com.nle.demo.Adam4150Controller;
4       import com.nle.serialport.SerialPortManager;
5       import com.nle.serialport.exception.SerialPortException;
6       import gnu.io.SerialPort;
7
8       public class TestFan {
9
10          public static void main(String[] args) throws SerialPortException {
11              //1.获取串口管理对象 (SerialPortLib.jar中提供的)
12              SerialPortManager manager = new SerialPortManager();
13              //2.打开串口 (使用的COM口号根据实际情况填写)
14              SerialPort serialPort = manager.openPort( portName: "COM202", baudrate: 9600);
15              //3.初始化ADAM4150数字量设备
16              Adam4150Controller controller = new Adam4150Controller(manager,serialPort);
17              //4.风扇接在DO0口,发出控制指令开风扇
18              controller.openLed( openCom: "01 05 00 10 FF 00 8D FF");
19              //5.风扇接在DO0口,发出控制指令关风扇
20          // controller.closeLed("01 05 00 10 00 00 CC 0F");
21              //6.关闭串口
22          // manager.closePort(serialPort);
23          }
24      }
```

图 1.41　打开串口发送控制指令控制风扇开和关代码

## 2.运行结果

（1）运行程序，可以看到风扇转了。

（2）把第 18 行代码用 // 注释掉，再把第 20 行前面的 // 去掉，重新运行程序，可以看到风扇停转。

（3）把第 18 行代码用 // 注释掉，再把第 22 行前面的 // 去掉，重新运行程序，则串口关闭。

### 任务训练

（1）按照表 1.1 的 ADAM－4150 控制指令，把风扇接在不同的 DO 口上，再发送相应的控制指令，测试是否也可以控制风扇的开和关。请用 Java 物联网程序编程控制实现。

（2）如果把风扇换成照明灯，是否也可以控制灯亮和灯灭？请用 Java 物联网程序编程控制实现。

### 拓展知识

#### 1. ADAM－4150 指令说明

ADAM－4150 是一种多功能数据采集模块，广泛应用于各种工业自动化系统中。它具有丰富的指令集，可以方便地进行初始化、数据读取、校准、配置、故障诊断、状态读取、数字滤波及模拟输出等操作。下面将对 ADAM－4150 的指令进行详细说明。

（1）初始化指令。

初始化指令用于设置 ADAM－4150 的初始状态，使其正常工作。指令格式如下：

```
MODE < mode >;
INIT < device_ids;TSTMODE < mode >;
```

其中，MODE 指令用于选择操作模式，可设置为 A 模式、AO 模式或 DI 模式；INIT 指令用于初始化 ADAM－4150，需要指定设备 ID；TSTMODE 指令用于测试当前操作模式是否设置成功。

（2）数据读取指令。

数据读取指令用于从 ADAM－4150 读取数据，包括模拟输入、数字输入、寄存器等。指令格式如下：

```
READMEM < address > < length >;
READDAT;
READINT;
```

其中，READMEM 指令用于从指定地址读取指定长度的数据；READDAT 指令用于读取模拟输入数据；READINT 指令用于读取数字输入数据。

（3）校准指令。

校准指令用于校准 ADAM－4150 的模拟输入和数字输入。指令格式如下：

```
CALIB < channel > < value >;
CALINT;
```

其中,CALIB 指令用于校准指定通道的模拟输入;CALINT 指令用于校准数字输入。

(4)配置指令。

配置指令用于配置 ADAM－4150 的参数,如采样速率、滤波器设置等。指令格式如下:

```
CONFIG < param > < value >;
SETP param > < value >;
SETH < param > < value >;
```

其中,CONFIG 指令用于设置 ADAM－4150 的基本配置参数;SETP 指令用于设置脉冲输出相关的参数;SETH 指令用于设置热电阻相关的参数。

(5)故障诊断指令。

故障诊断指令用于检查 ADAM－4150 的状态,诊断故障。指令格式如下:

```
CHECKSUM < channel > < value >;
FAULTCODE;
```

其中,CHECKSUM 指令用于检查指定通道的校准值是否正确;FAULTCODE 指令用于获取故障代码。

(6)状态读取指令。

状态读取指令用于读取 ADAM－4150 的状态值,如通道状态、故障状态等。指令格式如下:

```
READSTAT;
GETSTAT < stat_codes >;
```

其中,READSTAT 指令用于读取所有状态值;GETSTAT 指令用于读取指定状态码的状态值。

(7)数字滤波指令。

数字滤波指令用于对读取的数据进行滤波处理,提高数据质量。指令格式如下:

```
FILTMEM < address > < length >;
FILTDAT;
FILTERINT;
```

其中,FILTMEM 指令用来指定滤波器内存地址和长度;< address >表示滤波器数据的起始地址;< length >表示滤波器数据的长度;FILTDAT 指令用来执行滤波操作,指定地址的数据传递给滤波器进行处理;FILTERINT 指令用来中断滤波操作,在某些情况下,需要停止滤波器的运行,可用这个指令来实现。

### 2. 使用 ADAM－4150 模块通过串口控制 8 通道设备的基本流程

ADAM－4150 是一款 8 通道通用输入输出(I/O) 模块,它可以通过 RS－485 接口进行通信。下面通过一个简单的示例,展示如何使用 ADAM－4150 模块控制 8 通道设备。

假设已经安装了 ADAM－4150 模块,并且已经将其连接到了设备上。下面是一个使用 Modbus 协议通过 ADAM－4150 模块控制设备的示例指令:

```
// 初始化 ADAM－4150 模块
// 波特率为 9600,数据位为 8,校验位为无,停止位为 1
Serial.begin(9600);// 设置 ADAM－4150 模块的地址(范围 1－247)byte address = 1
Serial.print("Set ADAM－4150 module address to:");
Serial.printIn(address);
Serial.printIn(F("AT + ADDRESS ="));
Serial.print(address);
Serial.printIn(F("OK"));
// 设置 ADAM－4150 模块的 I/O 配置(这里设置为每个通道为输入)
byte ioConfig = 0x00;// 全部设为输入通道
Serial.print(Set ADAM－4150 module I/O configuration to:");
Serial.printIn(ioConfig);
Serial.printIn(F("AT + IOCONFIG = O,"));
Serial.print(ioConfig);
Serial.printIn(F("OK");// 读取 ADAM－4150 模块的输入状态
byte inputStatus = 0;
Serial.print("Read ADAM－4150 module input status:");
Serial.printIn(inputStatus);
Serial.printIn(F("AT + INPUTSTATUS OK"));
```

以上示例代码通过串口与 ADAM－4150 模块进行通信,并进行了初始化和配置。可以根据自己的需求进行修改和扩展。注意,示例代码中的波特率、数据位、校验位和停止位的设置可能需要根据实际情况进行调整。此外,还需要根据设备的具体要求来设置 ADAM－4150 模块的地址和 I/O 配置。

### 3. CRC16 校验

(1)CRC16 校验简介。

CRC16 校验是一种循环冗余校验(cyclic redundancy check,CRC) 方法,用于检测数据传输或存储过程中可能出现的错误。CRC16 表示其生成多项式的阶数为 16,即包含 16 位,是一种确定数据完整性的重要方法。

(2)CRC16 校验的原理。

CRC16 校验基于一种特定的数学算法,该算法将数据块视为一个大的二进制数字。这个算法涉及对数据块进行一系列的逻辑运算,产生一个被称为"校验和"的数值。这个数值附加在数据尾部,用于在接收端检查数据是否被正确传输。

（3）CRC16 校验的过程。

CRC16 校验的过程可以分为以下三个主要步骤。

① 初始化。选择一个特定的生成多项式,如 $x^{16}+x^{12}+x^5+1$,并将这个多项式存储在 CRC 寄存器中。然后,将要发送的数据作为输入,与寄存器中的多项式进行异或运算。

② 计算。将数据块视为一个大的二进制数字,并对其进行一系列的逻辑运算。这个过程包括将数据块与生成多项式进行异或运算,然后将结果向左移一位,再与生成多项式进行异或运算。这个过程重复进行,直到所有的数据位都被处理。

③ 结束。将生成的校验和附加在数据的尾部,以便在接收端进行校验。

（4）CRC16 校验的算法。

CRC16 校验的算法基于模 2 除法。具体来说,它将数据块视为一个大的二进制数字,并使用生成多项式作为除数进行除法。然后,将余数添加到数据块的末尾,作为校验和。这个算法可以在硬件或软件上实现。

（5）CRC16 校验的优点。

① 简单高效。CRC16 校验算法简单,易于实现,可以在硬件或软件上快速计算。

② 错误检测能力强。CRC16 校验可以检测出大部分的常见错误,如单比特错误、多比特错误和比特反转等。

③ 可调整生成多项式。可以根据需要选择不同的生成多项式,以适应不同的应用场景。

（6）CRC16 校验的应用。

CRC16 校验广泛应用于各种通信协议和数据存储中,如以太网、USB、SD 卡等。它被用来检测数据传输过程中可能出现的错误,以确保数据的完整性和可靠性。

（7）CRC16 校验的局限。

① 对于突发错误敏感。CRC16 校验对连续的比特错误比较敏感,如果数据中出现连续的错误比特,可能会被误认为正常的数据。

② 无法纠正错误。CRC16 校验只能检测出错误,而无法自动纠正错误。如果发现错误,需要采取其他措施进行纠正,如重传数据或使用纠错编码等。

# 项目 2　传感数据解析和控制指令生成

随着科技的飞速发展,传感器技术在日常生活和工业生产中发挥着越来越重要的作用。传感数据解析和控制指令生成作为传感器技术的重要组成部分,能够将物理量转化为可处理的电信号,进而实现对设备或系统的精确控制。

传感数据解析和控制指令生成涉及传感器、信号采集电路、处理电路及控制算法等多个知识点。传感器能够感知并响应外界的物理量,将其转化为电信号;信号采集电路将传感器输出的电信号进行放大和过滤,以获取准确的原始数据;处理电路对采集到的原始数据进行处理,提取出有用的信息;控制算法根据提取到的信息生成控制指令,实现对设备或系统的精确控制。

## 任务 2.1　显示温度传感器数据

### 学习目标

(1)掌握 Java 基本数据类型。
(2)掌握 Java 基本数据类型转换。

### 工作任务

收集温度传感器数据并显示在控制台。

### 课前预习

(1)Java 有哪些基本数据类型?
(2)Java 数据类型有哪两种转换机制?

### 相关知识

1. 数据类型

(1)基本数据类型。

在物联网程序中,常常需要表示温度、湿度、开关的闭合等。这些数据在 Java 中是如何表示的呢? 要想了解这些数据如何表示,首先需要了解计算机底层是如何存储数

显示温湿度
传感器数据

据的。

计算机底层都是一些数字电路(理解成开关),0 表示开,1 表示关,这些 0、1 的形式就是二进制。数据在计算机底层都是采用二进制存储的。在计算机中认为一个开关表示的 0|1 称为 1 位(bit),每 8 位称为一个字节(byte,B),所以 1 B=8 bit。

字节是计算机中数据的最小单位。

计算机是可以用来存储数据的,但是无论是内存还是硬盘,计算机存储设备的最小信息单元都是位,又称比特位,通常用 bit 表示。而计算机中最基本的存储单元称为字节,通常用大写字母 B 表示,字节由连续的 8 个位组成。除字节外,还有一些常用的存储单位,其换算单位如下:

$$1 \text{ KB} = 1\ 024 \text{ B}$$
$$1 \text{ MB} = 1\ 024 \text{ KB}$$
$$1 \text{ GB} = 1\ 024 \text{ MB}$$
$$1 \text{ TB} = 1\ 024 \text{ GB}$$

(2)Java 中的数据类型。

Java 是一个强类型语言,Java 中的数据必须明确数据类型。Java 中的数据类型包括基本数据类型和引用数据类型两种。

Java 中的基本数据类型见表 2.1。

表 2.1　Java 中的基本数据类型

| 数据类型 | 关键字 | 内存占用 | 取值范围 |
| --- | --- | --- | --- |
| 整数 | byte | 1 | $-2^7 \sim 2^7 - 1 (-128 \sim 127)$ |
| | short | 2 | $-2^{15} \sim 2^{15} - 1 (-32\ 768 \sim 32\ 767)$ |
| | int | 4 | $-2^{31} \sim 2^{31} - 1$ |
| | long | 8 | $-2^{63} \sim 2^{63} - 1$ |
| 浮点数 | float | 4 | $1.401\ 298 \times 10^{-45} \sim 3.402\ 823 \times 10^{38}$ |
| | double | 8 | $4.900\ 000\ 0 \times 10^{-324} \sim 1.797\ 693 \times 10^{308}$ |
| 字符 | char | 2 | $0 \sim 65\ 535$ |
| 布尔 | boolean | 1 | true, false |

注:在 Java 中整数默认是 int 类型,浮点数默认是 double 类型。

2. 变量

变量是指在程序运行过程中,其值可以发生改变的量。从本质上讲,变量是内存中的一小块区域,其值可以在一定范围内变化。以下是变量的常见定义格式,声明变量并赋值:

```
数据类型 变量名 = 初始化值;// 声明变量并赋值
int height = 175;
System.out.println(" 身高:" + height);
```

变量也可以先声明,后赋值:

```
// 先声明,后赋值
// 数据类型 变量名;
// 变量名 = 初始化值;
double money;
money = 78.5;
System.out.println(money);
```

注意:变量先声明,后赋值,使用前要提前赋值。

变量同一行也可以定义多个同一种数据类型的变量,中间使用逗号隔开。

```
int a = 10,b = 20; // 定义 int 类型的变量 a 和 b,中间使用逗号隔开 System.out.println(a);
System.out.println(b);
int c,d // 声明 int 类型的变量 c 和 d,中间使用逗号隔开
c = 30;
d = 40;
System.out.println(c);
System.out.println(d);
```

注意:不建议使用这种方式,会降低程序的可读性。

变量定义好了如何使用呢? 通过变量名访问即可使用,但是要注意以下几个注意事项。

(1)在同一作用域,变量名不能重复。

(2)变量在使用之前,必须初始化(赋值)。

(3)定义 long 类型的变量时,需要在整数的后面加 L 或 l(建议大写),因为整数默认是 int 类型,整数太大可能超出 int 范围。

(4)定义 float 类型的变量时,需要在小数的后面加 F 或 f(建议大写),因为浮点数的默认类型是 double,double 的取值范围是大于 float 的,类型不兼容。

### 3. 关键字和标识符

(1)关键字。

关键字是指 Java 自己保留的一些具有特殊功能的单词,如 public、class、byte、short、int、long、double 等。关键字不能用来作为类名或变量名称,否则会报错。Java 关键字见表 2.2。

表 2.2 Java 关键字

| abstract | assert | boolean | break | byt |
|---|---|---|---|---|
| case | catch | char | class | const |
| continue | default | do | double | else |
| enum | extends | final | finally | float |
| for | goto | if | implements | import |
| instanceof | int | interface | long | native |
| new | package | private | protected | public |
| return | strictfp | short | static | super |
| switch | synchronized | this | throw | throws |
| transient | try | void | volatile | while |

（2）标识符。

标志符就是由一些字符、符号组合起来的名称，用于给类、方法、变量等起名字，其有以下两个要求。

① 基本要求。由数字、字母、下划线（_）和美元符（＄）等组成。

② 强制要求。不能以数字开头，不能是关键字，要区分大小写。

### 4. 基本数据类型转换

Java 中存在不同类型的数据需要一起参与运算，所以这些数据类型之间是需要相互转换的，分为两种情况：自动类型转换和强制类型转换。

（1）自动类型转换。

在计算过程中，类型范围小的变量可以直接赋值给类型范围大的变量。Java 基本数据类型见表2.3。

表 2.3 Java 基本数据类型

| byte | short | Int | long | float | double | boolean |
|---|---|---|---|---|---|---|
|  | char |  |  |  |  |  |

把一个表示数据范围小的数值或变量赋值给另一个表示数据范围大的变量，这种转换方式是自动的，直接书写即可，如以下代码所示：

```
double num = 10;// 将 int 类型的 10 直接赋值给 double 类型
System.out.println(num) ;// 输出 10.0
byte a = 12 ;
int b = a;
System.out.println(b);// 12
```

在表达式中，小范围类型的变量会自动转换成当前较大范围的类型再运算，但是有以下两个注意事项。

① 表达式的最终结果类型由表达式中的最高类型决定。

② 在表达式中，byte、short、char 是直接转换成 int 类型参与运算的。

（2）强制类型转换。

类型范围大的数据或变量不能直接赋值给类型范围小的变量，会报错。把一个表示数据范围大的数值或变量赋值给另一个表示数据范围小的变量，必须进行强制类型转换。

强制类型转换格式如下：

目标数据类型 变量名 ＝（目标数据类型）值或变量 ；

注意事项：

①char 类型的数据转换为 int 类型是按照码表中对应的 int 值进行计算的。例如，在 ASCII 码表中，′a′ 对应 97。

② 整数默认是 int 类型，byte、short 和 char 类型数据参与运算均会自动转换为 int 类型。

③ boolean 类型不能与其他基本数据类型相互转换。

### 5. 本节任务

（1）任务分析。

本任务要使用合适的数据类型来显示温湿度传感器数据。

① 创建工程。

② 编写传感器常量类。

③ 定义合适的变量来存储采集到的传感器数据并输出到控制台。

④ 查看运行结果。

（2）任务实施。

① 创建工程，如图 2.1 所示。

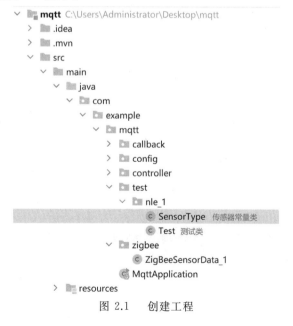

图 2.1　创建工程

其中，ZigBeeSensorData_1 中提供了获取传感器数据的相关方法。

② 编写传感器常量类。

在包 com.example.mqtt.test.nle_1 下新建类 SensorType，用于记录传感器的类型，这里用到了 static final 关键字，这些关键字的用法在后面相关项目中会有介绍。一般定义常量都会用 static 和 final 做修饰，代表这些变量的值不能被改变而且它们可以通过类名直接访问。以下为编写的传感器常量类：

```java
package com.example.mqtt.test.nle_1;
public class SensorType {
    /* * 温度传感器 */
    public static final String TEMPERATURE ="温度";
    /* * 湿度传感器 */
    public static final String HUMIDITY ="湿度";
}
```

③ 定义合适的变量来存储采集到的传感器数据并输出到控制台。

在包 com.example.mqtt.test.nle_1 下创建测试类 Test，在 main 方法里分别定义以下变量：定义 double 类型变量 temperature 用来表示温度；定义 double 类型变量 humidity 用来表示湿度。定义好变量后，获取串口管理对象，打开串口，通过 ZigBeeSensorDataliar 中提供的方法 getSensorData(传感器类型)，传入不同的传感器类型参数，获取 ZigBee 采集回来的数据并显示到控制台上。具体实现代码如下：

```java
package com.example.mqtt.test.nle_1;
import com.example.mqtt.zigbee.SensorType;
import com.example.mqtt.zigbee.SerialPort;
import com.example.mqtt.zigbee.SerialPortManager;
import com.example.mqtt.zigbee.ZigBeeSensorData_1;
public class Test {
    public static void main(String[] args) {
        double temperature; // 存储温度传感器数据
        double humidity;// 存储湿度传感器数据
        // 获取串口管理对象
        SerialPortManager manager = new SerialPortManager();
        // 打开串口
        SerialPort port = manager.open();
        // 初始化传感器对象
        ZigBeeSensorData_1 zigBeeSensorData = new ZigBeeSensorData_1(manager,port);
        // 调用 getSensorData() 方法获取采集回来的字符串类型数据
        String temperatureStr = zigBeeSensorData.getSensorData(SensorType.TEMPERATURE);
```

```
            String humidityStr = zigBeeSensorData.getSensorData(SensorType.HUMIDITY);
            temperature = Double.parseDouble(temperatureStr);
            humidity = Double.parseDouble(humidityStr);
    System.out.println("温度:" + temperature);
    System.out.println("湿度:" + humidity);
        }
    }
```

④ 运行结果如图 2.2 所示。

```
"C:\Program Files\Java\jdk1.8.0_131\bin\java.exe" ...
温度: 22.0
湿度: 92.5


进程已结束,退出代码0
```

图 2.2    运行结果

**任务训练**

(1)(　　) 是 Java 中的基本数据类型。

A. String             B. ArrayList

C. int                D. double

(2) 在 Java 中,基本数据类型(　　)可以存储小数。

A. byte              B. float

C. int                D. Char

(3)(　　) 是 Java 中的基本数据类型。

A. String             B. Integer

C. Boolean          D. Array

(4) 在 Java 中,基本数据类型(　　)可以存储大范围的数值。

A. byte              B. short

C. long              D. float

(5)Java 中的 boolean 类型有(　　)可能的值。

A. 两个             B. 三个

C. 四个             D. 无数个

(6) 以下代码所示程序中,如果将变量 a 和 b 的类型从 int 改为 byte,那么求和的结果是否会有所不同,为什么?

```
public class Sum{
public static void main(String[]args){
int a = 5;int b = 10;5int sum = a+b;System.out.println("The sum of"+a+"and"+b+ "is"+
sum);
   }
   }
```

（7）以下代码所示程序中,比较 a 和 b 的大小时,是否会发生类型转换？如果会,那么转换的类型是什么？如果不会,请解释原因。

```
public class Compare {
public static void main(String[]args){
int a = 10;
float b = 3.14f;5double c = 2.71828;
boolean isAGreaterThanB = a > b;
boolean isBGreaterThanC = b > c;
System.out.println(a+"is greater than"+ b+";" + isAGreaterThanB);
System.out.println(b+"is greater than"+ c+";" + isBGreaterThanC);
   }
   }
```

拓展知识

Java 是面向对象语言,其概念是一切皆为对象,但基本数据类型是例外。

基本数据类型大多是面向机器底层的类型,它是"值"而不是一个对象,对于声明在方法中的基本类型变量,它存放于"栈"中而不是存放于"堆"中。这有很多好处,例如:不需要与对象一样在堆中分配内存,然后做一个引用指向它;不需要进行内存回收,因为是直接在栈上分配空间,方法运行结束就出栈回收了;可以放心使用最基本的运算符进行比较和计算;等等。

数据类型也有缺点,如会自动设置默认值(这是双刃剑,一些场景下会增加额外的处理逻辑)、不支持泛型等。

Java 希望使用一切皆为对象的理念来统一语言设计,但基本类型确实有很多优点和使用场景,所以它为每一个基本类型都提供了相应的包装类,封装了很多实用的方法,最重要的是提供了自动装箱和自动拆箱的语法,让开发者可以无感知地在包装类型与基础类型之间来回切换。

# 任务 2.2　ZigBee 传感数据计算

学习目标

（1）理解运算符的基本概念和分类。运算符是用于对变量或常量进行运算操作的符号。在 Java 中,运算符主要包括算术运算符、赋值运算符、关系运算符、逻辑运算符等。

（2）掌握基本的算术运算符,如加法、减法、乘法、除法等,并理解除法和取模运算的特点。

（3）掌握赋值运算符的使用方法,如等于号（=）等,了解 Java 中的变量赋值和数据类型转换。

（4）掌握关系运算符,如大于（>）、小于（<）、等于或不等于（==或!=）等,并能够使用它们进行比较操作。

（5）掌握逻辑运算符,如与（&&）、或（||）、非（!）等,并能够使用它们进行逻辑运算。

（6）了解位运算符,如按位与（&）、按位或（|）、按位非（～）等,并能够使用它们进行位运算。

（7）能够使用三目运算符进行条件判断和赋值操作。

（8）理解运算符的优先级和结合性,并能够正确使用它们进行表达式计算。

（9）能够运用运算符解决实际问题,如算术表达式计算、比较大小、逻辑判断等。

### 工作任务

收集温度传感器数据并判断是否超出阈值。

### 课前预习

（1）Java 中有哪些运算符,作用是什么?

（2）Java 中算术运算符有哪些,其中++i 与 i++有什么区别?

（3）Java 逻辑运算符中 & 与 && 有什么区别,运用在哪些场景下? 请举例说明。

（4）三目运算符能否代替判断语句,为什么?

### 相关知识

ZigBee 传感
数据计算
（上）

#### 1. 运算符和表达式

运算符是用于执行算术运算、比较大小、逻辑判断等操作的特殊符号,主要包括算术运算符、赋值运算符、关系运算符、逻辑运算符和位运算符等。

表达式是由运算符、操作数和括号等组成的语句,用于计算并产生一个值。表达式可以包含变量、常量、运算符和括号等元素。

举例说明：

```
int a = 10;
int b = 20;
int c = a + b;
```

"+"是运算符,并且是算术运算符。

"a + b"是表达式,由于"+"是算术运算符,因此这个表达式称为算术表达式。

### 2. 算术运算符

（1）概要。

Java 中的算术运算符是一组用于执行基本算术运算的特殊符号，包括加法、减法、乘法、除法和取模等。这些运算符可以应用于整型（int、long 等）和浮点型（float、double 等）数据类型。

具体来说，Java 中的算术运算符包括以下几种。

① 加法运算符（＋）。用于将两个操作数相加。

② 减法运算符（－）。用于从一个操作数中减去另一个操作数。

③ 乘法运算符（＊）。用于将两个操作数相乘。

④ 除法运算符（/）。用于将两个操作数相除。

⑤ 取模运算符（％）。用于获取两个操作数相除的余数。

这些算术运算符的优先级由高到低依次为乘法和除法、加法和减法、取模。在同一优先级的运算符中，结合方向是从左到右。此外，Java 中的算术表达式可以用算术符号和括号连接起来，符合 Java 语法规则。

另外，当使用除法运算符时，如果操作数为浮点型，则结果也为浮点型；如果操作数为整型，则结果也为整型，小数部分会被截断。此外，Java 中的算术运算符还可以进行一元和二元运算，如一元加法（＋1）表示将操作数加 1，二元加法（a＋b）表示将 a 和 b 相加。

要注意的是，/ 和 ％ 的区别：两个数据做除法，/ 取结果的商，％ 取结果的余数。整数操作只能得到整数，要想得到小数，必须有浮点数参与运算。

```
int a = 10;
int b = 3;
System.out.println(a / b);// 输出结果 3
System.out.println(a % b);// 输出结果 1
```

（2）字符的"＋"操作。

char 类型参与算术运算，使用的是计算机底层对应的十进制数值。

```
// 可以通过使用字符与整数做算术运算,得出字符对应的数值是多少
char ch1 = 'a';
System.out.println(ch1 + 1);    // 输出 98,97 + 1 = 98
char ch2 = 'A';
System.out.println(ch2 + 1);    // 输出 66,65 + 1 = 66
char ch3 = 'o';
System.out.println(ch3 + 1);    // 输出 49,48 + 1 = 49
```

当算术表达式中包含不同的基本数据类型的值时，整个算术表达式的类型会自动进行提升，提升规则如下。

byte 类型、short 类型和 char 类型将被提升到 int 类型，而无论是否有其他类型参与运算。整个表达式的类型自动提升到与表达式中最高等级的操作数相同的类型。

提升的等级顺序：byte，short，char → int → long → float → double。

```
byte b1 = 10;
byte b2 = 20;
// byte b3 = b1 + b2;  //该行报错,因为byte类型参与算术运算会自动提升为int,int赋值给
byte可能损失精度
int i3 = b1 + b2;//应该使用int接收
byte b3 = (byte)(b1 + b2);//或将结果强制转换为byte类型
int num1 = 10;
double num2 = 20.0;
double num3 = num1 + num2;//使用double接收,因为num1会自动提升为double类型
```

正是由于上述原因，因此在程序开发中很少使用byte或short类型定义整数，也很少会使用char类型定义字符，而使用字符串类型，更不会使用char类型做算术运算。

（3）字符串的"+"操作。

当"+"操作中出现字符串时，这个"+"是字符串连接符，而不是算术运算符。例如：

```
System.out.println("xunfang" + 666);
```

以上代码输出为xunfang666。在"+"操作中如果出现了字符串，"+"就是连接运算符，否则"+"就是算术运算符。当连续进行"+"操作时，从左到右逐个执行。

```
System.out.println(1 + 99 +"年讯方");
// 输出:100 年讯方
System.out.println(1 + 2 + "xunfang" + 3 + 4);
// 输出:3xunfang34
// 可以使用小括号改变运算的优先级
System.out.println(1 + 2 + "xunfang" + (3 + 4));
// 输出:3xunfang7
```

（4）自增自减运算符。

Java中的自增自减运算符包括自增运算符（++）和自减运算符（－－），用于对变量的值进行加1或减1操作。自增自减运算符说明见表2.4。

表2.4　自增自减运算符说明

| 符号 | 作用 | 说明 |
|------|------|------|
| ++ | 自增 | 变量的值加1 |
| －－ | 自减 | 变量的值减1 |

自增运算符（++）有两种使用方式：单独使用和作为前缀使用。单独使用时，i++与++i的效果是一样的，都会将变量i的值加1；作为前缀使用时，若在表达式中先对变量进行自增操作再进行其他运算，则需要在变量前面加上++符号。

自减运算符（－－）的使用方式与自增运算符类似，可以单独使用或作为前缀使用，用于将变量的值减1。

需要注意的是,自增自减运算符与其他运算符的优先级和结合性不同,具体使用时需要遵循 Java 的语法规则。

```
int i = 10;
i++; // 单独使用
System.out.println( "i:" + i);  // i: 11
int j = 10;
++j; // 单独使用
System.out.println("j:" + j); // j:11
int x = 10;
int y = x++;// 赋值运算,++ 在后边,所以是使用 x 原来的值赋值给 y,x 本身自增1
System.out.println("x:" + x + ",y:" + y);l // x:11,y:10
int m = 10 ;
int n = ++m;// 赋值运算,++ 在前边,所以是使用 m 自增后的值赋值给 n,m 本身自增1
System.out.println("m:" + m + ",m:" + m); // m:11,m:11
```

### 3. 赋值运算符

Java 中的赋值运算符是用于将右侧表达式的值赋给左侧变量的特殊符号。赋值运算符的符号为"=",它是双目运算符,左边的操作数必须是变量,不能是常量或表达式。其中,"+=""−=""* =""/ =""% ="是扩展的赋值运算符。赋值运算符见表 2.5。

表 2.5　赋值运算符

| 符号 | 作用 | 说明 |
| --- | --- | --- |
| = | 赋值 | a = 10,将 10 赋值给变量 a |
| += | 加后赋值 | a += b,将 a + b 的值给 a |
| −= | 减后赋值 | a −= b,将 a − b 的值给 a |
| * = | 乘后赋值 | a * = b,将 a × b 的值给 a |
| / = | 除后赋值 | a / = b,将 a ÷ b 的商给 a |
| % = | 取余后赋值 | a % = b,将 a ÷ b 的余数给 a |

注意:扩展赋值运算符隐含了强制类型转换。

```
short s = 10;
s = s + 10; // 此行代码报出,因为运算中 s 提升为 int 类型,运算结果 int 赋值给 short 可能损失精度
s += 10;// 此行代码没有问题,隐含了强制类型转换,相当于 s = (short)(s + 10)
```

#### 4. 关系运算符

Java 的关系运算符又称"比较运算符",用于比较判断两个变量或常量的大小。关系运算符是二元运算符,运算结果是 boolean 型。当运算符对应的关系成立时,运算结果是 true,否则是 false。

关系运算符有六种关系,分别为等于、不等于、大于、大于等于、小于、小于等于。关系运算符见表 2.6。

表 2.6　关系运算符

| 符号 | 说明 |
| --- | --- |
| == | a == b,判断 a 和 b 的值是否相等,是为 true,否为 false |
| ! = | a! = b,判断 a 和 b 的值是否不相等,是为 true,否为 false |
| > | a > b,判断 a 是否大于 b,是为 true,否为 false |
| >= | a >= b,判断 a 是否大于等于 b,是为 true,否为 false |
| < | a < b,判断 a 是否小于 b,是为 true,否为 false |
| <= | a <= b,判断 a 是否小于等于 b,是为 true,否为 false |

需要注意的是,使用时千万不要把"=="误写成"=","=="是判断是否相等的关系,"="是赋值。以下是关系运算符使用示例:

```
int a = 10;
int b = 20;
System.out.println(a == b); // false
System.out.println(a ! = b); // true
System.out.println(a > b); // false
System.out.println(a >= b); // false
System.out.println(a < b); // true
System.out.println(a <= b); // true
// 关系运算的结果肯定是 boolean 类型,所以也可以将运算结果赋值给 boolean 类型的变量
boolean flag = a > b;
System.out.println(flag); // 输出 false
```

#### 5. 逻辑运算符

(1) 基本逻辑运算符。

Java 中的逻辑运算符是用于执行逻辑运算的符号。逻辑运算符在布尔逻辑中起作用,即它们返回一个布尔值(true 或 false)。逻辑运算符在编程中非常有用,可以用于控制程序的流程,如条件语句的执行路径。逻辑运算符见表 2.7。

ZgBee 传感数据计算(下)

表 2.7　逻辑运算符

| 符号 | 作用 | 说明 |
| --- | --- | --- |
| & | 逻辑与 | a&b,a 和 b 都是 true,结果为 true,否则为 false |
| \| | 逻辑或 | a\|b,a 和 b 都是 false,结果为 false,否则为 true |
| ^ | 逻辑异或 | a^b,a 和 b 结果不同为 true,相同为 false |
| ! | 逻辑非 | !a,结果与 a 结果正好相反 |

以下是逻辑运算符使用示例:

```
//定义变量
int i = 10;
int j = 20;
int k = 30;
//&"与",并且的关系,只要表达式中有一个值为 false,结果即为 false
System.out.println((i > j) & (i > k));        //false & false,输出 false
System.out.println((i < j) &(i > k));         //true & false,输出 false
System.out.println((i > j) & (i < k));        //false & true,输出 false
System.out.println((i < j) & (i < k));        //true & true,输 true
System.out.println(" ——————— ");
//|"或",或者的关系,只要表达式中有一个值为 true,结果即为 true
System.out.println((i > j) | (i > k));        //false | false,输出 false
System.out.println((i < j) | (i > k));        //true | false,输出 true
System.out.println((i > j) | (i < k));        //false | true,输出 true
System.out.println((i < j) | (i < k));        //true | true,输出 true
System.out.println(" ——————— ");             //^"异或",相同为 false,不同为 true
System.out.println((i > j)^(i > k));          //false ^ false,输出 false
System.out.println((i < j) ^ (i > k));        //true ^ false,输出 true
System.out.println((i > j) ^ (i < k));        //false ^ true,输出 true
System.out.println((i < j) ^ (i < k));        //true ^ true,输出 false
System.out.println(" ——————— ");
//!"非",取反
System.out.println((i > j));                  // false
System.out.println(! (i > j));                // ! false,输出 true
```

### 6. 短路逻辑运算符

Java 中的短路逻辑运算符是指逻辑与(&&)和逻辑或(||)运算符。短路逻辑运算符见表 2.8。

表 2.8　短路逻辑运算符

| 符号 | 作用 | 说明 |
|---|---|---|
| && | 短路与 | 作用与 & 相同,但是有短路效果 |
| \|\| | 短路或 | 作用与 \| 相同,但是有短路效果 |

逻辑与运算符(&&)在执行运算时,如果第一个操作数为假,则无论第二个操作数的值是什么,结果都为假,因此第二个操作数将不会被执行。这被称为"短路",因为一旦确定表达式的结果,剩余的操作数将不会被求值。

同样,逻辑或运算符(||)在执行运算时,如果第一个操作数为真,那么无论第二个操作数的值是什么,结果都为真,因此第二个操作数也将不会被执行。这也是一种"短路"行为,因为它会提前结束逻辑判断。

这些短路逻辑运算符在编程中可以用于优化性能,避免对不必要的操作进行求值。

### 7. 三元运算符

Java 中的三元运算符又称条件运算符,是一个用于执行基于条件的判断的运算符。它有三个操作数,因此得名"三元"运算符。它的语法如下:

```
condition ? expression1 : expression2
```

其中,condition 是一个布尔表达式;expression1 和 expression2 是两个可能被执行的表达式。

三元运算符的工作原理如下:首先,它会评估 condition 表达式,如果结果为 true,则执行 expression1 并返回结果,否则执行 expression2 并返回结果。

它的返回类型取决于两个可能被执行的表达式类型。如果两个表达式类型相同,则返回类型为该类型;如果两个表达式类型不同,则返回类型为两个类型的共同超类型。例如,三元运算符示例如下:

```
int a = 10;
string result = (a > 5) ? "a 大于 5" : "a 不大于 5";
System.out.println(result);          // 输出"a 大于 5"
```

在这个例子中,如果 a > 5 为 true,则返回字符串"a 大于 5",否则返回字符串"a 不大于 5"。

### 8. 数据输入

Java 的 Scanner 类是用于从各种输入源获取输入的类,包括键盘、文件、字符串等。Scanner 类在 java.util 包中。

以下是使用 Scanner 类从键盘输入的简单示例:

```
import java.util.Scanner; // 导入 Scanner 类
public class Main{
public static void main( string[ ] args) {Scanner input = new Scanner(System.in); // 创建
Scanner 对象 system.out.print(" 请输入一个整数:");int num = input.nextInt();// 读取用户输入的
整数 System.out.println(" 您输入的整数是:" + num ) ;
  }
}
```

在这个例子中,首先导入了 java.util.Scanner 类;然后在 main 方法中创建了一个 Scanner 对象,传入了 System.in 作为参数,这表示将从键盘获取输入;再使用 Scanner 的 nextInt 方法读取用户输入的整数;最后将输入的整数打印出来。除 nextInt 方法外, Scanner 类还有许多其他的方法,如以下几种。

①nextLine。读取用户输入的一行文本。

②next。读取用户输入的下一个字符串。

③hasNext。检查是否有下一个输入。

④hasNextLine。检查是否有下一行输入。

可以根据实际需要选择合适的方法。

### 9. 运算符优先级

Java 的运算符优先级由高到低如下:括号(parentheses)→ 指数运算符 (exponentiation)→ 乘法、除法和取余运算符(multiplication, division, remainder)→ 加法和减法运算符(addition, subtraction)→ 移位运算符(shift)→ 关系运算符(relational)→ 相等运算符(equality)→ 按位与运算符(bitwise AND)→ 按位异或运算符(bitwise XOR)→ 按位或运算符(bitwise OR)→ 逻辑与运算符(logical AND)→ 逻辑或运算符 (logical OR)→ 三元运算符(conditional)→ 赋值运算符(assignment)。

注意,这只是大致的顺序,有些特殊的运算符如"instanceof"和"."操作符等也有自己的优先级。在复杂的表达式中,为确保正确的运算顺序,应使用括号明确地定义出优先级。

### 10. 任务

(1)任务分析。

本任务要使用合适的运算符来计算温湿度传感器数据。

① 按照 ZigBee 协议对采集回来的传感器数据做计算显示。

② 查看运行结果。

(2)任务实施。

① 大部分代码与任务 1 相同,只需要对传感器采集回来的数据做预警。数据输入示例代码如下:

```
package com.example.mqtt.test.nle_1;
import com.example.mqtt.zigbee.SensorType;
import com.example.mqtt.zigbee.SerialPort;
import com.example.mqtt.zigbee.SerialPortManager;
import com.example.mqtt.zigbee.ZigBeeSensorData_1;
public class Test {
    public static void main(String[] args) {
        double temperature; // 存储温度传感器数据
        double humidity;// 存储湿度传感器数据
        // 获取串口管理对象
        SerialPortManager manager = new SerialPortManager();
        // 打开串口
        SerialPort port = manager.open();
        // 初始化传感器对象
        ZigBeeSensorData_1 zigBeeSensorData = new ZigBeeSensorData_1(manager,port);
        // 调用 getSensorData() 方法获取采集回来的字符串类型数据
        String temperatureStr = zigBeeSensorData.getSensorData (SensorType. TEMPERATURE);
        String humidityStr = zigBeeSensorData.getSensorData(SensorType.HUMIDITY);
        temperature = Double.parseDouble(temperatureStr);
        String msg = (temperature >= 0 && temperature <= 60) ? "温度正常":"温度
异常";
    System.out.println(" 温度:" + temperature);
    System.out.println(msg);
        humidity = Double.parseDouble(humidityStr);
        msg = (humidity >= 0 && humidity <= 99) ? "湿度正常":"湿度异常";
    System.out.println(" 湿度:" + humidity);
    System.out.println(msg);
    }
}
```

② 运行结果如图 2.3 中的代码效果图所示。

温度: 22.0

温度正常

湿度: 92.5

湿度正常

进程已结束,退出代码0

图 2.3 代码效果图

**任务训练**

(1) 可以用于执行算术加法运算的运算符是( )。

A. ＋ B. ＋＋ C. ＋＝ D. ＝＋

(2) 可以用于判断两个值是否相等的运算符是( )。

A. ＝＝ B. ＝＝＝ C. ！＝ D. ！＝＝

(3) 可以用于对二进制位进行按位与操作的运算符是( )。

A. & B. ｜ C. ＾ D. ～

(4) 可以用于将右侧的值赋给左侧变量的运算符是( )。

A. ：＝ B. ＝ C. ＋＝ D. ＝＋

(5) 可以用于执行逻辑与操作的运算符是( )。

A. && B. ｜｜ C. ！ D. & ｜

(6) 请简述 Java 中算术运算符的优先级和结合方向,并举例说明。

(7) 请说明 Java 中的关系运算符和逻辑运算符在哪些情况下使用,并给出相应的示例代码。

**拓展知识**

进行复杂的运算时,要注意运算符的优先级和结合方向,以及可能需要使用括号来明确运算顺序。同时,还要注意数据类型的转换,如在算术运算中,如果操作数的类型不同,可能会发生隐式类型转换。

# 任务 2.3 ZigBee 传感数据采集分析

**学习目标**

(1) 理解条件控制和循环控制的基本概念,需要明白什么是条件语句和循环语句,以及它们在编程中的作用。

(2) 掌握条件控制和循环控制的语法,需要熟悉 Java 中条件语句(如 if—else 语句)和循环语句(如 for、while 和 do—while 语句)的语法,并且知道如何使用它们。

(3) 学会如何使用条件控制和循环控制来实现逻辑,需要通过学习和实践,了解如何使用条件语句和循环语句来实现程序的逻辑。例如,可以使用 if—else 语句来实现程序的分支逻辑,使用循环语句来实现重复执行的任务。

(4) 理解条件控制和循环控制的嵌套和结合,可能需要将多个条件语句和循环语句嵌套在一起,或将它们组合起来,以实现更复杂的逻辑。需要明白如何正确地使用这些结构。

（5）理解终止条件和退出条件。对于循环语句,需要明白什么是终止条件(何时停止循环)和什么是退出条件(在循环的每次迭代中何时退出循环)。

（6）培养问题解决能力,通过学习和实践,培养出一种能力,能够在面对问题时准确地分析问题,并用条件控制和循环控制来实现解决方案。

 **工作任务**

收集温度传感器数据并显示在控制台。

**课前预习**

（1）Java 程序有哪三种执行流程?

（2）条件控制和循环控制的基本语法是什么?

（3）如何嵌套使用条件控制和循环控制?

（4）如何跳出或终止循环?

**相关知识**

### 1. 流程控制语句

在一个程序执行的过程中,各条语句的执行顺序对程序的结果是有直接影响的。因此,必须清楚每条语句的执行流程,很多时候要通过控制语句的执行顺序来实现想要的功能。

（1）分支。

Java 中的流程控制语句主要包括以下三类。

① 条件控制语句。条件控制语句用于基于特定条件执行或不执行代码块。Java 中的条件控制语句主要包括 if、if－else 和 switch－case。

② 循环控制语句。循环控制语句用于反复执行特定代码块,直到满足某个终止条件。Java 中的循环控制语句包括 for 循环、while 循环、do－while 循环和 foreach 循环。

③ 跳转控制语句。跳转控制语句用于改变程序的执行流程,如无条件跳转(break、continue)和标签跳转(goto)。

（2）顺序结构。

顺序结构是程序中最简单、最基本的流程控制,没有特定的语法结构,按照代码的先后顺序依次执行,程序中大多数的代码都是这样执行的。顺序结构执行流程图如图 2.4 所示。

ZigBee 传感数据采集分析(上)

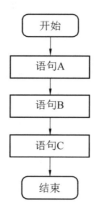

图 2.4　顺序结构执行流程图

## 2. 分支结构 ——if 语句

if 语句是一种条件控制语句,用于根据特定条件执行或跳过一段代码。

if 语法格式一如下:

```
if (condition) {
// 代码块在条件为真时执行
}
```

其中,condition 是一个布尔表达式。如果 condition 的值为 true,那么 if 语句后面的代码块就会被执行;如果 condition 的值为 false,则代码块将被跳过。if 语法格式一执行流程图如图 2.5 所示。

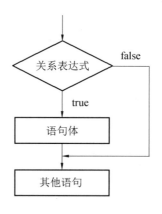

图 2.5　if 语法格式一执行流程图

执行流程如下。

① 计算关系表达式的值。

② 如果关系表达式的值为 true,就执行语句体。

③ 如果关系表达式的值为 false,就不执行语句体。

④ 继续执行后面的语句内容。

数据输入案例代码如下：

```
public class    IfDemo {
public static void    main(String []args){
System.out.println(" 开始");
// 定义两个变量
int a = 10;
int b = 20;
// 需求:a 和 b 的值是否相等,如果相等,就在控制台输出 "a 等于 b"
if(a == b){
System.out.println("a 等于 b");
}
// 需求:判断 a 和 c 的值是否相等,如果相等,就在控制台输出"a 等于 c"
System.out.println( "a 等于 c" );
}
System.out.println(" 结束");
}
}
```

if 语法格式二如下：

```
if ( condition) {
语句体 1;
}
else {
语句体 2;
}
```

该格式的执行流程图如图 2.6 所示。

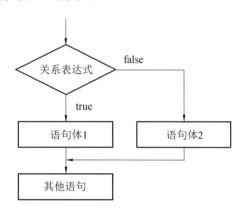

图 2.6　if 语法格式二执行流程图

执行流程如下。

① 计算关系表达式的值。

② 如果关系表达式的值为 true,就执行语句体 1。

③ 如果关系表达式的值为 false,就执行语句体 2。

④ 继续执行后面的语句内容。

案例代码如下:

```java
public class IfDemo02 {
public static void main(String[]args){
System.out.println(" 开始");
// 定义两个变量
int a s 10;
int b = 20;
b = 5;
// 需求:判断 a 是否大于 b,如果是,在控制台输出"a 的值大于 b",否则在控制台输出"a 的值不大于 b"
if(a > b){
System.out.println("a 的值大于 b");
}else {
System.out.println("a 的值不大于 b");
}
System.out.println(" 结束");
}
}
```

```java
public class IfDemo02 {
public static void main(String[]args){
System.out.println(" 开始");
// 定义两个变量
int a s 10;
int b = 20;
b = 5;
// 需求:判断 a 是否大于 b,如果是,在控制台输出"a 的值大于 b",否则在控制台输出"a 的值不大于 b"
if(a > b){
System.out.println("a 的值大于 b");
}else {
System.out.println("a 的值不大于 b");
}
System.out.println(" 结束");
}
}
```

if 语法格式三如下：

```
if(condition1){
语句体 1；
}
else if(condition2){
语句体 2；
}
else {
语句体 n＋1；
}
```

if 语法格式三执行流程图如图 2.7 所示。

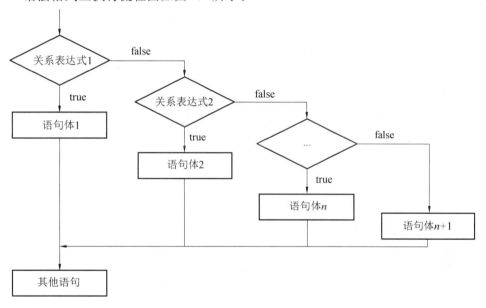

图 2.7　if 语法格式三执行流程图

执行流程如下。

① 计算关系表达式 1 的值。

② 如果值为 true，就执行语句体 1；如果值为 false，就计算关系表达式 2 的值。

③ 如果值为 true，就执行语句体 2；如果值为 false，就计算关系表达式 3 的值。以此类推。

④ 如果没有任何关系表达式为 true，就执行语句体 n＋1。

案例如下：键盘录入一个星期数（1，2，…，7），输出对应的星期一，星期二，…，星期日。

```java
import java.util.Scanner;
public class IfDemo03 {
public static void main(String[]args){
System.out.println("开始");
// 需求:键盘录入一个星期数(1,2,...,7),输出对应的星期一,星期二,...,星期日
Scanner sc = new Scanner(System.in);
System.out.println("请输入一个星期数(1-7):");
int week = sc.nextInt();
if(week == 1){
System.out.println("星期一");
}
else if(week == 2){
System.out.println("星期二");
}
else if(week == 3){
System.out.println("星期三");
}
else if(week == 4){
System.out.println("星期四");
}
else if(week == 5){
System.out.println("星期五");
}
else if(week == 6){
System.out.println("星期六");
}
else {
System.out.println("星期日");
}
System.out.println("结束");
}
}
```

3. 分支结构 ——switch 语句

Java 中的 switch 语句是一种多路选择结构,它允许一个变量在其值的多个可能选项之间进行选择。switch 语句根据表达式的值进行多次比较,直到找到与表达式值匹配的case,然后执行相应的代码块。如果没有找到匹配的 case,可以使用 default 块来处理未匹配的情况。

switch 语句的基本语法如下:

```
switch(expression){
case value1:
// 代码块在表达式值等于 value1 时执行 break
case value2:
// 代码块在表达式值等于 value2 时执行 break
default:
}
// 代码块在表达式值不匹配任何 case 时执行
}
```

执行流程如下。

① 计算出表达式的值。

② 与 case 依次比较,一旦有对应的值,就会执行相应的语句,在执行的过程中,遇到 break 就会结束。

③ 如果所有的 case 都与表达式的值不匹配,就会执行 default 语句体部分,然后程序结束。

判断星期的代码如下:

```
int day = 3;
switch(day){
case 1:
System.out.println("Monday");
break;
case 2:
System.out.println("Tuesday");
break;
case 3:
System.out.println("Wednesday");
break;
default:
System.out.println("Another day");
}
```

在这个例子中,根据 day 的值,会执行相应的代码块。由于 day 的值为3,因此会执行 case 3 下的代码块,输出"Wednesday"。如果 day 的值不是 1、2、3,则会执行 default 块中的代码,输出"Another day"。

#### 4. 循环结构 ——for 循环

Java 中的 for 循环是一种经典的循环结构,它允许重复执行一段代码,直到满足某个终止条件。for 循环由三个部分组成:初始化语句、条件判断语句和条件控制语句。

ZigBee 传感
数据采集分
析(下)

for 循环的基本语法如下：

```
for(初始化语句；条件判断语句；条件控制语句){
循环体语句；
}
```

针对 for 循环格式的解释如下。

① 初始化语句。用于表示循环开启时的起始状态，简单来说就是循环开始时什么样。

② 条件判断语句。用于表示循环反复执行的条件，简单来说就是判断循环是否能一直执行下去。

③ 循环体语句。用于表示循环反复执行的内容，简单来说就是循环反复执行的事情。

④ 条件控制语句。用于表示循环执行中每次变化的内容，简单来说就是控制循环是否能执行下去。

执行流程如下。

① 执行初始化语句。

② 执行条件判断语句，看其结果是 true 还是 false。如果是 false，则循环结束；如果是 true，则继续执行。

③ 执行循环体语句。

④ 执行条件控制语句。

⑤ 回到 ② 继续。

例如，下面的代码使用 for 循环打印 1 ~ 10 的整数：

```
for (int i = 1; i <= 10; i++) {
System.out.println(i);
}
```

在这个例子中，i 被初始化为 1，只要 i 的值小于或等于 10，循环就会继续执行。在每次循环迭代后，i 的值会增加 1，因此会打印出 1 ~ 10 的整数。

5. while 循环

Java 中的 while 循环是一种基本的循环结构，它允许重复执行一段代码，直到满足某个终止条件。while 循环只有循环条件，没有初始化和迭代语句。

while 循环的基本语法如下：

```
while(condition) {
// 代码块在条件为真时重复执行
}
```

其中,condition 是循环条件,只要为真,循环就会继续执行。

例如,下面的代码使用 while 循环计算 1～10 的和:

```
int sum = 0;
Int i = 1;
while(i <= 10){
sum += i;
i++;
}
System.out.println(sum);
```

在这个例子中,i 被初始化为 1,然后只要 i 的值小于或等于 10,循环就会继续执行。在每次循环迭代后,i 的值会增加 1,因此会计算 1～10 的和。当 i 的值大于 10 时,循环终止,最终打印出结果。

### 6. do—while 循环

Java 中的 do—while 循环是一种后测试循环结构,它允许重复执行一段代码,直到满足某个终止条件。do—while 循环由一个代码块和循环条件组成。

do—while 循环的基本语法如下:

```
do{
// 代码块至少执行一次,然后根据条件重复执行
}
while(condition);
```

其中,condition 是循环条件,只要为真,循环就会继续执行。与 while 循环不同的是,do—while 循环的代码块至少执行一次,然后检查循环条件。如果循环条件为真,代码块会继续执行;如果循环条件为假,则退出循环。

例如,下面的代码使用 do—while 循环计算 1～5 的和:

```
int sum = 0;
int i = 1;
do {
sum += i;
i++;
}
while(i <= 5);
System.out.println(sum);
```

在这个例子中,i 被初始化为 1,然后至少执行一次代码块。在每次循环迭代后,i 的值会增加 1,因此会计算 1～5 的和。当 i 的值大于 5 时,循环终止,最终打印出结果。

### 7. 循环跳转控制语句

Java 中的循环跳转控制语句主要包括 break 和 continue。

（1）break 语句。

break 语句用于完全跳出循环,终止当前循环的执行,并且不再执行循环内的剩余语句。当在循环中使用 break 时,程序会立即跳出循环,继续执行循环之后的代码。

例如,在 for 循环中使用 break：

```
for(int i = 0; i < 10; i++) {
if (i == 5){
break;//i = 5 时,跳出循环
}
System.out.println(i);
}
```

上述代码会输出 0 ~ 4,当 i 等于 5 时,break 语句会终止循环。

（2）continue 语句。

continue 语句用于跳过当前循环迭代,并进入下一次迭代。当在循环中使用 continue 时,程序会跳过当前循环内剩余的语句,并继续执行下一次循环。

例如,在 for 循环中使用 continue：

```
for(int i = 0; i < 10; i++) {
if (i == 5){
continue;      //i = 5 时,跳出本次循环,执行下一次循环
}
System.out.println(i);
}
```

上述代码会输出 0 ~ 9,但跳过 5,因为当 i 等于 5 时,continue 语句会跳过当前循环内剩余的语句并继续执行下一次循环。

### 8. 任务

（1）任务分析。

本任务要对采集回来的温湿度传感器数据做数据解析。

① 按照采集回来的原始数据格式做解析,以便获取温度和湿度数据。

② 查看运行结果。

（2）任务实施。

① 大部分代码与任务 1 相同,只需要对传感器采集回来的原始数据做解析。代码如下：

```
package com.example.mqtt.test.nle_1;
import com.example.mqtt.zigbee.SensorType;
import com.example.mqtt.zigbee.SerialPort;
import com.example.mqtt.zigbee.SerialPortManager;
import com.example.mqtt.zigbee.ZigBeeSensorData_1;
public class Test {
    public static void main(String[] args) {
        double temperature; // 存储温度传感器数据
        double humidity;// 存储湿度传感器数据
        // 获取串口管理对象
        SerialPortManager manager = new SerialPortManager();
        // 打开串口
        SerialPort port = manager.open();
        // 初始化传感器对象
        ZigBeeSensorData_1 zigBeeSensorData = new ZigBeeSensorData_1(manager,port);
        // 调用 getOriginSensorData() 方法获取采集回来的字符串类型数据
        String data = zigBeeSensorData.getOriginSensorData();
        String[] split = data.split("-");
        for (String s : split) {
            String[] split1 = s.split(":");
            // 温度
            if(split1[0].equals("0")){
System.out.println(" 温度" + split1[2]);
            }
            // 湿度
            if(split1[0].equals("1")){
System.out.println(" 湿度" + split1[2]);
            }
        }
    }
}
```

② 运行结果如图 2.8 所示。

```
"C:\Program Files\Java\jdk1.8.0_131\bin\java.exe" ..
采集回来的数据: 0:temperature:22.0-1:humidity:95.5
温度22.0
湿度95.5

进程已结束,退出代码0
```

图 2.8　运行结果

**任务训练**

（1）在 Java 中，关键字（　　）用于退出当前的循环。

A. continue                    B. break

C. return                      D. exit

（2）在 Java 中，（　　）语句可以用于实现条件控制。

A. if—else                     B. for 循环

C. while 循环                  D. switch—case

（3）在 Java 中，循环结构（　　）会在每次迭代后增加计数器的值。

A. for 循环                    B. while 循环

C. do—while 循环              D. 以上都没有

（4）在 Java 中，循环结构（　　）会持续执行，直到给定的条件为 false。

A. for 循环                    B. while 循环

C. do—while 循环              D. 以上都没有

（5）打印数字 1～100，每个数字占一行。

（6）打印所有的两位整数（如 10，11，12，…）。

（7）计算 1～100 所有奇数的和。

（8）打印所有的完数（一个数如果恰好等于它的因子之和，则称该数为完数。例如：6 的因子为 1，2，3，恰好等于 1＋2＋3，则为完数）。

**拓展知识**

在 Java 中，条件控制和循环控制是程序流程控制的重要组成部分。除基本的 if—else 语句和 for、while、do—while 循环外，还有一些扩展的知识点可以帮助更好地理解、使用条件控制和循环控制。

（1）嵌套条件控制和循环控制。

这种控制可以在一个条件语句或循环语句中嵌套另一个条件语句或循环语句。这种嵌套的使用可以实现更复杂的逻辑控制。

（2）循环的终止条件。

在循环控制中，终止条件是决定循环何时结束的关键因素。需要谨慎地设置终止条件，确保循环能够在合适的时候结束。

（3）循环的跳转。

Java 提供了 break 和 continue 两个关键字，用于在循环中实现跳转。break 用于完全跳出循环，而 continue 用于跳过当前循环迭代，并进入下一次迭代。

（4）异常处理。

在 Java 中，可以使用 try—catch 语句来处理可能出现的异常。在 try 块中编写可能抛出异常的代码，在 catch 块中处理异常。这样可以在发生异常时，程序能够正常运行而不是终止。

（5）多线程环境下的控制流。

Java 支持多线程编程，这意味着在一个程序中可以同时运行多个线程。在多线程环境下，控制流的同步和协调变得尤为重要。可以使用 synchronized 关键字、wait 和 notify 方法来实现线程间的同步和通信。

（6）Java 8 及之后版本的流式编程。

Java 8 引入了流（stream）的概念，允许以声明性方式处理数据集合。流提供了一种方便的方式来操作集合中的元素，如过滤、映射、排序等。这些操作可以以链式方式组合在一起，使代码更加简洁和易于理解。

Java 14 及之后版本的 switch 表达式：从 Java 14 开始，switch 语句可以作为表达式使用，即可以在 switch 语句中返回一个值。这种用法可以简化某些条件判断场景的代码。

# 任务 2.4　　控制指令的生成

## 学习目标

（1）理解数组的基本概念和特点，知道数组是一种特殊的线性表，了解数组的存储方式和相关属性。

（2）掌握数组的声明和初始化方法，包括一维数组和二维数组。

（3）掌握数组的基本操作，如访问、修改、删除等。

（4）了解常见的数组排序算法，如冒泡排序、选择排序、插入排序等，并能够使用 Java 实现这些算法。

（5）了解数组的应用场景，如排序、查找、统计等，并能够使用 Java 编写相应的程序。

（6）掌握数组在解决实际问题中的应用，如字符串处理、数学计算等。

## 工作任务

采集温湿度传感器数据做数据解析，并根据解析结果发出控制指令。

## 课前预习

（1）数组在内存中如何存储数据？

（2）数组的声明有哪几种方式，有什么区别？

（3）数组通过什么来操作元素？

（4）数组中常见的排序算法有哪些，各自的优缺点是什么？

控制指令的
生成

## 相关知识

### 1. 数组

在 Java 中，数组是一种特殊的线性表，它按照顺序存储数据，并且每个元素都有一个唯一的索引，可以通过索引来访问和修改数组中的元素。数组在 Java 中是一个重要的数据结构,具有以下特点。

① 固定大小。一旦声明了数组的大小,就不能再改变。

② 索引访问。可以通过索引访问数组中的元素,索引从 0 开始。

③ 元素类型相同。数组中的所有元素都是同一类型。

④ 内存连续。数组的元素在内存中是连续存储的。

⑤ 在 Java 中,数组可以通过声明和初始化来创建。声明数组时需要指定数组的长度和元素类型,而初始化则是在声明的同时为数组元素分配内存空间并设置初始值。Java 中的数组可以采用一维和多维的形式,多维数组可以看作嵌套的一维数组。

### 2. 数组定义格式

(1) 第一种:数据类型[] 数组名。

```
int[] arr;
double[] arr;
char[] arr;
```

(2) 第二种:数据类型 数组名[]。

```
int arr[];
double arr[];
char arr[];
```

### 3. 动态初始化

数组动态初始化就是只给定数组的长度,由系统给出默认初始化值。

```
数组类型[]   数组名 = new 数据类型[数组长度];
Int [] arr = new int [3]
```

针对以上格式,有如下含义。

等号左边:int 为数组的数据类型;[]代表这是一个数组;arr 代表数组的名称。等号右边:new 为数组开辟内存空间;int 为数组的数据类型;[]代表这是一个数组;3代表数组的长度。

### 4.数组元素访问

(1) 索引。

每一个存储到数组的元素都会自动拥有一个编号,从 0 开始。这个自动编号称为数组索引(index),可以通过数组的索引访问数组中的元素。

(2) 索引访问数组元素格式。

```
格式:数组名[索引];
```

索引访问数组元素格式示例如下:

```
public class ArrayDemo {
public static void main(String[]args){
int[]arr = new int[3];
// 输出数组名
System.out.println(arr);
// 输出数组中的元素
System.out.println(arr[0]);
System.out.println(arr[1]);
System.out.println(arr[2]);
}
}
```

**5. 静态初始化**

静态初始化就是在创建数组时直接确定元素。其格式有两种:完整版格式和简化版格式。

(1)完整版格式。

数据类型[] 数组名 = new 数据类型[]{元素 1,元素 2,…};

(2)简化版格式。

数据类型[] 数组名 = {元素 1,元素 2,…};

示例代码如下:

```
public class ArrayDemo {
public static void main(String[]args){
int[] arr = {1,2,3};
// 输出数组名
System.out.println(arr);
// 输出数组中的元素
System.out.println(arr[0]);
System.out.println(arr[1]);
System.out.println(arr[2]);
}
}
```

**6. 二维数组**

Java 中的二维数组可以看作一个包含多个一维数组的数组。它可以看作一个表格,其中行和列都可以看作索引:

Type arrayName[][] = new type[rowSize][colSize]

其中,Type 是数组元素的数据类型;arrayName 是数组的名称;rowSize 和 colSize 分别是数组的行数和列数。

```
arrayName[[rowIndex][colIndex]
```

其中,rowIndex 是行索引;colIndex 是列索引。

例如,下面的代码创建了一个 3 行 4 列的二维数组,并初始化为一些随机值:

```
int[][]arr = new int[3][4];
for(int i = 0;i < arr.length;i++){
for(int j = 0;j < arr[i].length;j++){
arr[i][j] = (int)(Math.random() * 100);
}
}
```

### 7. 任务分析

(1)本任务要对采集回来的温湿度传感器数据做数据解析,并根据解析结果发出控制指令。

① 按照采集回来的原始数据格式做解析,并根据解析结果发出控制指令,改变指示灯颜色。其中,红色为告警信息,status 数组存放指示灯的开关状态,color 存放指示灯的颜色。

② 查看运行结果。

(2)任务实施。

① 大部分代码与任务 1 相同,只需要对传感器采集回来的原始数据做解析,并发出控制指令。代码如下:

```
package com.example.mqtt.test.nle_1;
import com.example.mqtt.zigbee.SensorType;
import com.example.mqtt.zigbee.SerialPort;
import com.example.mqtt.zigbee.SerialPortManager;
import com.example.mqtt.zigbee.ZigBeeSensorData_1;
public class Test {
    public static void main(String[] args) {
        double temperature; // 存储温度传感器数据
        double humidity;// 存储湿度传感器数据
        // 获取串口管理对象
        SerialPortManager manager = new SerialPortManager();
        // 打开串口
        SerialPort port = manager.open();
        // 初始化传感器对象
```

```
ZigBeeSensorData_1 zigBeeSensorData = new ZigBeeSensorData_1(manager,port);
// 调用 getOriginSensorData();方法获取采集回来的字符串类型数据
// 存储控制指令代码数组
String[] status = {"open","close"};
String[] color = {"red","blue","yellow"};
String data = zigBeeSensorData.getOriginSensorData();
String[] split = data.split("-");
for (String s : split) {
    String[] split1 = s.split(":");
    // 温度
    if(split1[0].equals("0")){
System.out.println("温度" + split1[2]);
        if(Double.parseDouble(split1[2]) >= 60){
            // 温度过高,发送预警信息,同时将主板呼吸灯置为红色
            manager.send(status[0],color[0]);
        }
    }
    // 湿度
    if(split1[0].equals("1")){
System.out.println("湿度" + split1[2]);
        if(Double.parseDouble(split1[2]) >= 100){
            // 湿度过高,发送预警信息,同时将主板呼吸灯置为红色
            manager.send(status[0],color[0]);
        }
    }
}
}
```

② 运行结果如图 2.9 所示,现象图如图 2.10 所示。

```
"C:\Program Files\Java\jdk1.8.0_131\bin\java.exe" ...
采集回来的原始数据: 0:temperature:22.0-1:humidity:95.5
温度86.0
控制指令发送成功
指示灯发出红色预警信息....
湿度95.5

进程已结束,退出代码0
```

图 2.9    运行结果

图 2.10    现象图

### 任务训练

（1）在 Java 中，数组的元素类型（    ）。

A. 只能是单一类型

B. 只能是不同类型

C. 只能是相同类型

D. 可以是任意类型

（2）以下选项可以声明一个长度为 10 的整数数组的是（    ）。

A. int[ ] arr = new int[10];

B. int arr[10];

C. int arr[ ];

D. int arr = new int[10];

（3）以下选项可以用来访问数组中元素的是（    ）。

A. arr[index]                    B. arr.index

C. arr(index)                    D. index(arr)

（4）以下选项可以用来对数组进行排序的是（    ）。

A. Arrays.sort()

B. Collections.sort()

C. ArrayList.sort()

D. LinkedList.sort()

（5）以下选项可以用来查找数组中元素的是（    ）。

A. Arrays.find()

B. Collections.find()

C. ArrayList.find()

D. LinkedList.find()

（6）给定一个整数数组，将数组中的每个元素转换成字符串并输出。例如，如果数组为[1，2，3，4，5]，则输出为"1,2,3,4,5"。

（7）给定一个整数数组，将数组中的每个元素反转并输出。例如，如果数组为[1，2，3，4，5]，则输出为"5,4,3,2,1"。

（8）给定一个整数数组，将数组中的每个元素转换成对应的罗马数字并输出。例如，如果数组为[10，20，30，40，50]，则输出为"X,XX,XXX,XXXX,XXXXX"。

（9）给定一个字符串数组，将数组中的每个字符串连接起来并输出。例如，如果数组为["Hello"，"world"，"！"]，则输出为"Hello world！"。

（10）给定一个整数数组，计算数组中所有元素的平均值并输出。例如，如果数组为[1，2，3，4，5]，则输出为"3.0"。

（11）给定一个整数数组，将数组中的每个元素与前面所有元素相加并输出。例如，如果数组为[1，2，3，4，5]，则输出为"1(1＋2＋3＋4＋5),2(1＋2＋3＋4),3(1＋2＋3),4(1＋2),5(1)"。

### 拓展知识

Java 数组包括多维数组、数组排序和查找等操作，以及数组的应用。

（1）多维数组。

Java 中的多维数组可以看作数组的数组。例如，二维数组可以看作一个特殊的一维数组，其每个元素都是一个一维数组。多维数组的声明和初始化与一维数组类似，只是在声明时需要指定每个维度的长度。

（2）数组排序和查找。

Java 中提供了多种数组排序算法，如冒泡排序、选择排序、插入排序等。这些算法可以通过 Java 中的 Arrays 类或 Collections 类来实现。同时，Java 中也提供了多种查找算法，如线性查找和二分查找等。

（3）数组应用。

Java 中的数组可以应用于各种场景，如字符串处理、数学计算、数据结构等。通过使用数组，可以更方便地存储和操作大量数据。同时，Java 中也提供了许多内置的数组类和工具类，如 ArrayList、LinkedList、Arrays 等，这些类和工具类可以更高效地处理数组数据。

71

# 项目 3　从串口获取传感器数据

## 任务 3.1　串口管理工具类

面向对象

**相关知识**

### 1. 面向对象

程序设计经历了"面向过程"和"面向对象"的不同发展历程。Java 语言是面向对象编程语言，而 C 语言则是面向过程编程语言。

面向过程就是分析问题、解决问题所需要的步骤，然后用函数把这些步骤一一实现，使用时依次调用即可。在学习和工作中，如果需要实现某项功能或完成某项任务，会按部就班地罗列完成该项任务的步骤，罗列的步骤就是过程，按步骤解决问题的编程方式就是面向过程编程。

什么是面向对象呢？先思考一个问题，要建一栋房子，该房子由主体框架、窗户、房门等模块构成，但作为非建筑工人，必然是无法所有模块都自己亲自做的，可以根据各个模块的特点，聘请不同专业人员分别去建设。

例如，聘请房屋设计师设计好房子的设计图纸；聘请建筑工人根据房子设计图纸，将房子的主体框架浇筑建好,留好窗户和房门空间;聘请木工做好窗户和房门,并安装到房子主体框架的窗户和房门位置。多工种相互协作,最终完成房子的建设工作。在工作和生活中,大部分事情都需要大家注重团队协作,才能完成复杂的工程实现。

前面所述建房子的参与角色分别为自己、房屋设计师、建筑工人、木工,每个角色都负责了不同的工作,互相协作。如果把每一个角色都当作一个独立的对象,则要完成建房子的工作,四个对象需要互相之间发生协作关系,当不在建房子时,每一个对象可以独立存在。

把这四个角色抽象化成程序的一种对象,每一个对象对外提供了一系列的处理函数,外界仅需要知道处理函数的名称和使用方法,无须了解内部如何实现代码。需要进行协同工作时,对象与对象之间可以传递数据,因此在设计这类对象时,仅需关注传入的数据是什么样的,经过某种处理后,返回某个处理结果。

例如,A 作为房屋的使用者,只需要告诉房屋设计者自己的居住需求,房屋设计者根据该需求设计出房屋的图纸,站在 A 的角度中,无须考虑图纸如何设计出来的,A 只关心已根据自己需求设计好了图纸的结果。

如果用程序设计的思维描述,即主程序调用了设计师这个对象,输入了需求数据,得到了图纸结果。这种思维就是面向对象编程的思维。

面向对象编程(object-oriented programming,OOP)是一种计算机编程方法。OOP 以对象作为程序的基本设计单元,将程序和数据封装其中,以提高软件的重用性、灵活性和扩展性。在面向对象编程中,程序中的每个对象都应该能够接收数据、处理数据并发送数据。

对象可以看作一个小型的计算机,它们可以相互传递数据,协作程序完成任务。它将程序分解为一个个对象,每个对象都有自己的属性和方法。在面向对象编程中,对象是程序的基本单元,它将数据和操作数据的函数封装在一起,以提高软件的重用性、灵活性和扩展性。在面向对象编程中,程序的执行流程是消息传递的,即通过对象之间的消息传递来实现程序的执行。

面向对象编程的核心概念如下。

(1) 类(class)。

类是对象的模板,用于定义对象的属性和行为。它是建立对象的蓝图。

(2) 对象(object)。

对象是使用类创建的实例,具有类定义的属性和行为。每个对象都有自己的属性和行为。

(3) 封装(encapsulation)。

封装是将不必要展现出来的属性和方法封装在一个对象中的过程。对象的内部数据和实现细节对外部是隐藏的,只能通过对象设计的公共接口来访问。

(4) 继承(inheritance)。

继承是一种机制,它允许一个类继承另一个类的属性和方法。通过继承,子类可以复用父类的代码,并且可以添加自己的特定功能,完成对共性的抽取,从而实现代码的复用性。

（5）多态（polymorphism）。

多态是指相同的方法可以在不同的对象上产生不同的行为。通过多态，可以实现接口的统一，提高代码的灵活性和可扩展性。

封装、继承、多态也是面向对象的三大特征。面向对象编程可以提高代码的可读性、可维护性和复用性。它将程序的功能模块化，使得开发人员可以更加灵活地组织和管理代码。

### 2. 类与对象

Java 是一门面向对象的编程技术，在 Java 中常说一切皆对象，接下来就来看看什么是类和对象。

在生活中，像张三、李四、王五这样真真正正存在的人的实体称为对象。当描述这些对象时，会发现这些对象具有一些共同的特征，这些特征分为以下两种。

① 具有相同的属性。这些对象都有鼻子、眼睛、嘴巴等。

② 具备相同的行为。这些对象都要吃喝拉撒睡等。

因此，可以把具有相同属性的行为和属性的一类对象抽象为类，使用类来描述这类对象的特征。

类是一个抽象概念：当说到人类、猫类、犬类时，无法具体到某一个实体。对象是某一个类的实体，当有对象之后，这些属性就有了属性值，这些行为就有了相应的意义。在 Java 中，一切围绕着对象进行，类是描述某一些对象的统称，对象是这个类的一个实例，这一类对象所具备的共同属性和行为（函数或者方法）都在类中定义。

若需要使用 Java 语言设计一个汽车的类，应先分析一下汽车这个类应具备哪些共同的属性和行为。

① 共同属性。前左轮、前右轮、后左轮、后右轮、发动机、方向盘、变速箱。

② 共同行为。前进、后退、左转、右转、启动、加速、减速、停止。

因此，汽车类文字描述见表 3.1。

表 3.1　汽车类文字描述

| 类名 | 汽车 |
| --- | --- |
| 共同属性 | 前左轮<br>前右轮<br>后左轮<br>后右轮<br>发动机<br>方向盘<br>变速箱 |

续表3.1

| 类名 | 汽车 |
|---|---|
| 共同行为 | 前进 |
| | 后退 |
| | 左转 |
| | 右转 |
| | 启动 |
| | 加速 |
| | 减速 |
| | 停止 |

下面来学习类与对象的一些知识点。

（1）类的定义。

在面向对象编程语言中，类是一个独立的程序单元，它应该有一个类名，并包含属性和行为两个主要部分。面向对象程序设计的重点就是类的设计，而不是对象的设计。

在Java语言中，类是一种最基本的复合数据类型，是组成Java程序的基本要素。Java类要包含成员属性的定义和成员方法的定义，分别描述对象的属性和行为。

定义类就是创建一种新的引用数据类型，利用定义好的类，可以创建类的实例对象。Java定义类的语法格式如下：

```
［访问修饰符］［存储修饰符］class ＜类名＞［extends ＜父类名＞］［implements ＜接口名＞］    类声明
{
［访问修饰符］［存储修饰符］数据类型 成员变量1［＝ 初值］;
［访问修饰符］［存储修饰符］数据类型 成员变量2［＝ 初值］;    成员变量
……

［访问修饰符］［存储修饰符］返回值类型 成员方法名1(［参数列表］)
{
      执行代码
}
［访问修饰符］［存储修饰符］返回值类型 成员方法名2(［参数列表］)    成员方法
{
      执行代码
}
}
```

其中，［ ］中的内容为可选内容，在设计类时，根据实际情况选择是否包含。

类定义格式中主要包括类声明和类体，类体由类的成员变量（成员属性）和成员方法组成。

Java定义类的关键字为class，其后给出类的名称，类名称需遵循Java的命名规范，首字母大写。

类定义格式中，可能会涉及一些修饰符，如访问修饰符 public、private 和 protect，还有存储修饰符 static 等,这些修饰符用法将在后面进行介绍。同时,还涉及类的继承关键字 extends 和接口实现关键字 implements。

用 Java 语言如何描述呢? 以下代码为汽车类的一个参考定义例子:

```java
public class Car {
// 共同属性
private String preLeft;        // 前左轮
private String preRight;       // 前右轮
private String backLeft;       // 后左轮
private String backRight;      // 后右轮
private String engine;         // 发动机
private String steeringWheel;  // 方向盘
private String gearbox;        // 变速箱
// 共同行为
// 前进
public void forward(int speed){
System.out.println(" 以" + speed +" 千米 / 小时的速度向前行驶");
    }
// 后退
public void back(int speed){
System.out.println(" 以" + speed +" 千米 / 小时的速度向后倒退");
    }
// 左转
public void turnLeft(){
System.out.println(" 左转");
    }
// 其他行为方法
}
```

上述代码中,使用 class 关键字定义了一个名为 Car 的 Java 类,该类的访问修饰符为 public,表示对外可以使用该类。

Car 这个类定义了七个访问修饰符为 private 的成员变量,且类型都为字符串 String 类型。在定义时,未对成员变量进行初始值赋值。同时,该类也定义了若干个成员方法,分别是 forward、back、turnLeft 等,成员方法的访问修饰符为 public。

要特别注意的是,一个 Java 文件应该只定义一个类,且 Java 文件名称要与类名称保持一致。

(2) 成员变量。

前面讲到一类事物要定义成一个类时,需要包含共同的属性,Java 类的共同属性是定义在类大括号内部的成员变量。成员变量可以是 Java 的基本数据类型,也可以是复合数据类型,如数组、集合、其他类的类名等。在类体中定义的成员变量可以被类体中的所有方法无限制访问。

成员变量可以理解为类的内部使用的变量,用于存储类的复合数据。

① 定义格式。类体中的成员变量的声明格式如下:

［访问修饰符］［存储修饰符］数据类型 成员变量名称［＝ 初值］;

类的成员变量在使用之前需要先声明,声明时必须指定成员变量的数据类型。访问修饰符和存储修改符将在后面详细介绍。

成员变量的定义一般会定义在类体最前面的成员方法之前,但非强制要求,仅为规范约束。

```
public class Car {
// 共同属性
private String preLeft;          // 前左轮
private String preRight;         // 前右轮
private String backLeft;         // 后左轮
private String backRight;        // 后右轮
private String engine;           // 发动机
private String steeringWheel;    // 方向盘
private String gearbox;          // 变速箱
}
```

上面名为 Car 的 Java 类声明了七个成员属性,按照成员变量的声明格式可知这七个成员属性的访问修饰符为 private,也就是私有成员,表示这些成员属性仅能被当前类使用,对外无法访问。成员属性的数据类型为 String 类型,存储的数据仅为字符串类型。

成员变量的名称必须符合标识符命名规范。在编程过程中,经常需要在程序中定义一些符号来标记一些名称,如编程中用到的变量名、包名、类名、方法名、参数名等,这些符号称为标识符。

在 Java 语言中,标识符可以由编程人员自由指定,但是需要遵循以下规定。

a.标识符可以由任意顺序的大小写字母、数字、下画线和美元符号 $ 组成。

b.标识符不能以数字开头。

c.标识符不能是 Java 中的关键字。

d.标识符区分大小写,且长度没有限制。

在 Java 程序中,定义的标识符必须严格遵守上面列出的规范,否则程序无法完成编译。

② 实例变量和静态变量。成员变量可以分为实例变量和静态变量。

实例变量定义在类范围内,在对象被实例化时才会创建,在对象销毁时一起消亡。对象创建完后,可以通过对象访问实例变量,为实例变量赋值或获取实例变量的值。

实例变量在定义时,缺省存储修饰符即可。

静态变量也定义在类范围内,与实例变量区别在于,访问修饰符与成员变量名称之间的存储修饰符不可缺省,需要使用关键字 static 进行修饰。静态变量又称类变量。静态变量使用类名访问,不建议使用对象访问静态变量。

通过下面的一段代码来说明实例变量与静态变量的区别:

```java
// Chinese.java
public class Chinese {
// 身份证号
String id;
// 姓名
String name;
// 国籍
static String country = " 中国";
    public Chinese() {
}
public Chinese(String id, String name) {
this.id = id;
this.name = name;
}
}
// ChineseTest.java
public class ChineseTest {
    public static void main(String[] args) {
        // 创建中国人对象 1
        Chinese zhangsan = new Chinese("1"," 张三");
System.out.println(zhangsan.id +"," + zhangsan.name +"," + Chinese.country);
        // 创建中国人对象 2
        Chinese lisi = new Chinese("2"," 李四");
System.out.println(lisi.id +"," + lisi.name +"," + Chinese.country);
    }
}
```

实例变量与静态变量的区别如下。

a.定义不同。实例变量属于类的实例(对象),每个对象都有独立的实例变量副本;而静态变量属于类本身,在整个类的实例中共享。

b.存储位置。实例变量存储在堆内存中,每个对象都有自己的一份实例变量;而静态变量存储在方法区或静态存储区中,所有对象共享同一份静态变量。

c.内存大小。实例变量根据实例对象的份数决定占用内存空间;而静态变量在类加载过程中,JVM 只会分配一次内存空间。

d.生命周期。实例变量的生命周期与对象的生命周期相同,当对象被销毁时,实例变量也会被回收;而静态变量的生命周期长于对象,直到程序退出或静态变量被显式地销毁。

e.访问方式。实例变量只能通过对象来访问,需要先创建对象才能使用实例变量;而静态变量可以通过类名直接访问,不需要创建对象。

f.数据共享。实例变量适合存储对象的特有状态,每个对象都有独立的实例变量,不会相互影响;而静态变量适合存储与类相关的全局信息,所有对象共享同一份静态变量,可以实现数据的共享和交互。

（3）成员方法。

在某些情况下，需要定义成员方法（简称方法）。例如，人类除有一些属性（年龄、姓名等）外，还有一些行为，如可以说话、跑步、通过学习可以做算术题等，这时就要用成员方法才能完成。

在 Java 程序设计中，成员方法描述的是对象具有的功能或操作，反应了对象的行为，具有某种对数据处理的相对独立功能的代码模块，可以理解为类体内部的函数。一个类或对象可以有多个成员方法，成员方法一旦定义，便可在不同的程序段中调用，因此可增强程序结构的模块化，提高编码效率。

成员方法的定义格式如下：

```
［访问修饰符］［存储修饰符］返回数据类型 成员方法名（［形参列表］）{
执行语句；
    ……
    retuen 返回值；       // 根据返回数据类型而定是否需要
}
```

一个方法的定义从整体上来说要包含方法声明和方法主体两部分，如下面的 Car 类中的定义方法：

```
public class Car {
// 成员属性
private int engine;          // 发动机
private String steeringWheel; // 方向盘
private String gearbox;       // 变速箱
// 成员方法
// 前进
public void forward(int speed)
{
System.out.println(" 发动机转速:" + this.engine + " 转 /min");
System.out.println(" 以" + speed + " 千米 / 小时的速度向前行驶");
}
// 其他行为方法
}
```

以上例子中，forward 成员方法通过 this.engine 形式，使用了类中的成员属性 engine 的发动机转速数据。

如果成员方法被存储修饰符 static 修饰了，则该成员方法属于静态方法，使用过程中无须实例化对象，直接采用"类名.方法名"形式调用。

在定义成员方法时，需要注意以下几点。

① 方法返回值分为有返回值和无返回值。有返回值的方法,其返回值类型可以是 Java 的任何数据类型或复合数据类型;无返回值的方法用 void 关键字声明即可,但不可空缺。

② 如果类体中的某个成员方法只有方法声明部分,没有方法主体部分,则此方法属于抽象方法,同时当前类属于抽象类。

(4) 构造方法。

构造方法(又称构造器)是一个特殊的成员方法,方法名称必须与类名相同,且不定义返回类型,创建对象时由编译器自动调用,并且在整个对象的生命周期内只调用一次。

```java
public class Data {
    public int year;
    public int month;
public int day;
// 自定义构造方法
public Data(int year, int month, int day) {
        this.year = year;
        this.month = month;
        this.day = day;
System.out.println("调用构造方法");
    }
    public void printDate() {
System.out.println(year + "−" + month + "−" + day);
    }
    public static void main(String[] args) {
        // 创建一个对象
        Data data = new Data(2022,11,13);
        data.printDate();
    }
}
```

例如,上面的代码采用了这一定义构造方法,构造方法 Data( ) 方法中包含三个输入参数,输入的参数对类的成员变量进行了赋值初始化,可以看出构造方法的作用就是对对象中的成员变量进行初始化,并不负责给对象分配内存空间。

什么时候进行内存分配呢? 对象的内存分配由以下形式,通过 new 关键字,调用构造方法分配内存空间:

```java
Data data = new Data(2022,11,13);
```

构造方法运行结果如图 3.1 所示。

```
Data
"D:\Program Files\Java\jdk1.8.0_202\bin\java.exe" ...
调用构造方法
2022-11-13

Process finished with exit code 0
```

图 3.1　构造方法运行结果

每一个类中必定都有构造方法，如果在类体中未定义构造方法，即未定义与类名同名的方法，则 Java 将自动提供一个默认的无参构造方法。以下为未定义构造方法创建对象的代码：



```
public class Data {
    public int year;
    public int month;
public int day;
//  默认构造方法
//public Data()
//{    }
    public void printDate() {
System.out.println(year + "-" + month + "-" + day);
    }
    public static void main(String[] args) {
        // 创建一个对象
Data data = new Data();
        data.printDate();
    }
}
```

未定义构造方法运行结果如图 3.2 所示。

```
Data
"D:\Program Files\Java\jdk1.8.0_202\bin\java.exe" ...
0-0-0
```

图 3.2　未定义构造方法运行结果

从图 3.2 的运行结果中可知，该类体中并未显式定义出构造方法，但是可以通过 new Data() 的形式创建出 Data 的对象。这是因为在 Java 中未显式定义构造方法，将默认加上无参的构造方法，即代码中被注释的部分。

### 3. 对象的创建

类是一个逻辑概念,并不是可执行的实体,因此定义好类之后,应用程序若需要执行具体的功能,还需要根据类创建具体的对象。创建对象的过程称为对象实例化,对象实例化将会在内存中为类分配一块内存区域,这块内存存储了具有类成员的属性值,同时可执行类成员方法。

(1)创建对象。

创建对象包括对象声明和实例化两部分。

对象声明的格式如下:

```
类名 对象名称;
```

对象的声明只是定义了一个变量而已,并没有为该变量分配相应的内存空间,仅分配了一个引用空间。对象的引用类似于 C 语言中的指针,是一个地址。

对象的实例化可以使用 new 关键字和构造方法来实现。如果类体中未显式定义构造方法,则通过 new 类名()形式实例化;如果类体中有显式定义构造方法,则需通过 new 构造方法形式实例化。

对象的实例化为对象分配内存空间,根据参数的不同调用对象的相应构造方法,通过 new 关键字创建好对象后,返回引用。同一个类的不同对象会占据不同的内存区域。

```
Data mydata1;         // 声明一个名称为 mydata1 对象
Data mydata2;         // 声明一个名称为 mydata2 对象
//Data 类的默认构造方法实例化,并把存储地址赋值给 mydata1 对象
mydata1 = new Data();
//Data 类的带参构造方法实例化,并把存储地址赋值给 mydata2 对象
mydata2 = new Data(2023,10,18);
```

以上是将对象声明与实例化分开编写的,更常用的方法是将对象声明和对象实例化两部分结合起来,即声明对象的同时对其实例化,相当于声明变量的同时为变量赋值(分配空间),具体格式如下:

```
类名 对象名称 = new 构造方法;
```

(2)访问成员属性和成员方法。

定义和创建好对象之后,就可以在后续代码中,在对象的作用域范围内通过对象的应用来访问成员变量和成员方法,使用成员运算符"."来实现。

访问对象的成员变量和成员方法的格式如下:

```
对象.成员变量
对象.成员方法
```

通过下面的代码,理解访问成员变量和成员方法的实现:

```
public class Data {
    public int year;
    public int month;
    public int day;
    public void printDate() {
System.out.println(year + "-" + month + "-" + day);
    }
    public static void main(String[] args) {
        //创建一个对象 data
        Data data = new Data();
        //声明一个对象 data1,并将刚刚创建的对象赋值给它
        Data data1 = data;
        //通过成员运算符"."对成员变量进行赋值
data.year = 2023;
        data.month = 10;
        data.day = 20;
        //创建另一个对象 data2
        Data data2 = new Data();
data2.year = 2023;
        data2.month = 9;
        data2.day = 11;
        //通过成员运算符"."执行成员方法
data.printDate();
        data1.printDate();
        data2.printDate();
    }
}
```



访问成员变量和成员方法的运行结果如图 3.3 所示。

```
"D:\Program Files\Java\jdk1.8.0_202\bin\java.exe" ...
2023-10-20
2023-10-20
2023-9-11

Process finished with exit code 0
```

图 3.3　访问成员变量和成员方法的运行结果

代码中创建了两个不同的对象,声明了一个对象指向 data 对象,并通过成员运算符对成员变量分别进行赋值,再通过成员运算符执行了成员方法 printDate()。从运行结果

中可以看出，data1 与 data 对象输出的内容一样，表示 data1 和 data 对象的内存区域是同一个。

### 4. 访问修饰符

访问修饰

Java 访问修饰符用来控制类、方法和变量的访问权限。

Java 中共有以下四种访问修饰符。

①public。公共访问修饰符。

②protected。保护访问修饰符。

③default。默认访问修饰符。

④private。私有访问修饰符。

（1） public 访问修饰符。

使用 public 修饰的变量、方法或类可以被任意访问，无访问限制。也就是说，public 修饰的成员可以通过对象实例直接访问。

```
public class Person {
    public String name;
    public int age；
    public void sayHello() {
System.out.println("Hello，World！");
    }
}
public class Main {
    public static void main(String[] args) {
        Student s = new Student();
        s.name = "Tom";    // 任意访问
        s.age = 18;// 任意访问
        s.sayHello();        // 任意访问
    }
}
```

在上面的代码中，name 和 age 都是 public 的成员变量，sayHello() 方法也是 public 的，它们可以被任意访问到。

（2）protected 访问修饰符。

使用 protected 修饰的变量、方法或类可以被其本身、子类或同一包内的其他类访问。也就是说，protected 修饰的成员可以通过子类对象或同一包内的对象访问，不能通过类名直接访问。

```java
public class Person {
    protected String name;
    protected int age;
    protected void sayHello() {
System.out.println("Hello, World! ");
    }
}
// extends 关键字表示 Student 类继承 Person 类
// 继承知识点将在下一章介绍
public class Student extends Person {
    public void study() {
System.out.println("Studying...");
    }
}
public class Main {
    public static void main(String[] args) {
        Student s = new Student();
        s.name = "Tom";
        s.age = 18;
        s.sayHello(); // 子类可以访问父类的 protected 成员方法
    }
}
```

在上面的代码中,Person 类中的 name、age 和 sayHello() 都是 protected 的成员变量和方法,它们可以被继承 Person 的子类 Student 访问,而不能通过类名直接访问。在 Main 类中创建了一个 Student 对象 s,通过 s 对象可以访问到 Person 中的 protected 成员变量和方法。

(3) default 访问修饰符。

如果没有为变量、方法或类指定任何访问修饰符,则默认为 default 访问修饰符,又称包访问修饰符。使用 default 修饰的变量、方法或类只能被相同包(package)内的其他类访问。

```
package com.example;
class Person {
    String name;
    int age;
    void sayHello() {
System.out.println("Hello, World! ");
    }
}
public class Main {
    public static void main(String[] args) {
        Person p = new Person();
        p.name = "Tom";
        p.age = 18;
        p.sayHello(); // 可以访问同包中的类
    }
}
```

在上面的代码中，Person 类没有指定访问修饰符，默认是 default，因此只能在相同的包内访问它。由于 Main 这个类与 Person 类在同一个包中，因此可以通过 p 对象访问到 Person 中的成员变量和方法。

（4）private 访问修饰符。

使用 private 修饰的变量、方法或类只能被其本身访问，不能被其他类访问。也就是说，private 修饰的成员变量和方法只能在类内部访问，不能通过对象或类名访问。

```
public class Person {
    private String name;
    private int age;
    private void sayHello() {
System.out.println("Hello, World! ");
    }
}
public class Main {
    public static void main(String[] args) {
        Person p = new Person();
        p.name = "Tom";   // 错误,无法访问 private 成员变量
        p.age = 18;       // 错误,无法访问 private 成员变量
        p.sayHello();     // 错误,无法访问 private 成员方法
    }
}
```

有关 Java 语言的修饰符其他需要注意的问题如下。

① 并不是每个修饰符都可以修饰类(指外部类),只有 public 和 default 可以。

② 所有修饰符都可以修饰成员变量、方法和构造方法。

③ 为了代码安全,不要使用权限更大的修饰符,只要适用即可。

④ 修饰符修饰的是"被访问"的权限。

不同修饰符的访问权限见表 3.2,表中对每一个修饰符,针对不同场景,总结了具备的访问权限。

表 3.2　不同修饰符的访问权限

|  | public | protect | default | private |
| --- | --- | --- | --- | --- |
| 同一个类 | Yes | Yes | Yes | Yes |
| 同一个包 | Yes | Yes | Yes | No |
| 不同类属父子关系 | Yes | Yes | No | No |
| 不同包非父子关系 | Yes | No | No | No |

在 Java 编程中,使用适当的访问修饰符可以提高程序的可读性、可维护性和安全性。需要合理地使用访问修饰符,控制成员变量和方法的访问级别,避免数据泄露和修改,提高代码的质量和效率。

### 5.串口通信工具类

串口通信是一个广泛使用的数字通信协议,用于在两个设备之间通过专门设计的线路(称为串行端口)传输数据。串口通信可以使计算机与外部设备进行可靠的点对点连接,如打印机、调制解调器、传感器等。简单来说,串口通信允许将信息从计算机中发送到其他设备,或从其他设备中接收信息并传递回计算机。通常情况下,串口通信需要指定一些参数,如传输速率、校验方式、数据位数和停止位等,保证传输数据的准确性。

物联网的各协议层很多设备都采用串口通信来实现设备与设备之间的数据通信。要学习 Java 的物联网应用开发,需要掌握串口通信的编程。

由于串口通信需遵循串口通信协议规范,开发人员自己编写底层协议相对困难,因此可以使用已有的开源类库,这类类库已经定义好基本的通信协议代码,使用提供的类完成简单的串口配置,即可快速开发物联网应用程序。

(1) RxTx 开源串口工具类。

RxTx 是一个串口和并口通信的开源 Java 类库,由该项目发布的文档都需要遵循GNU 宽通用公共许可证(LGPL)协议。官网网址:http://fizzed.com/oss/rxtx－for－java。RxTx 工具类官网如图 3.4 所示。

## Open source software

Home / OSS / RXTX for Java

### RXTX for Java

🏷 Java  Linux  Windows

Fork of the Java RXTX project to primarily provide a compiled native 64-bit package for Windows and Linux. RXTX is a Java native library providing serial and parallel communication for the Java Development Toolkit (JDK). RXTX is licensed under the GNU LGPL license as well as these binary distributions. RXTX is a great package, but it was lacking pre-built binaries for x64 (64-bit) versions of Windows. This project distributes binary builds of RXTX for Windows x64, x86, ia64 and Linux x86, x86_64.

These builds are compiled with the latest Microsoft Visual Studio tools. The latest CVS snapshots of RXTX were much better and more stable than the versions on the official rxtx.org website. Therefore, builds for Linux are also included to be consistent with the Windows binaries.

**Tags**

🏷 Java    🏷 Linux
🏷 Play2
🏷 PlayFramework
🏷 Scala    🏷 SVG
🏷 Twitter
🏷 Web Fonts
🏷 Windows

### Sponsored by

RXTX for Java is proudly sponsored by Greenback. We love the service and think you would too.

🐷 Greenback

More engineering. Less paperwork. Expenses made simple.

### Attribution and license

While an attribution is not required, the following would be appreciated somewhere within your project or source code. If you include any of the builds in your own personal or commercial application, please make sure to at least provide a note of thanks to Fizzed, Inc. in your release notes. The following statement below is an example:

```
RXTX binary builds provided as a courtesy of Fizzed, Inc. (http://fizzed.com/).
Please see http://fizzed.com/oss/rxtx-for-java for more information.
```

### Caveats

- Builds are based on recent CVS snapshots. Please see the ReleaseNotes.txt for information about which snapshot I based this distribution on.
- Removed UTS_NAME warning from .c files to match kernel with the version you compiled against.
- Changed version in RXTXVersion.jar and in SerialImp.c to match this release so that the CVS snapshot was known.

图 3.4　RxTx 工具类官网

　　在官网首页找到 Downloads，根据开发环境的系统，选择相应的版本下载。RxTx 下载页面如图 3.5 所示。

## Downloads

| Version | File | Information |
|---|---|---|
| RXTX-2-2-20081207 | Windows-x64<br>Windows-x86<br>Windows-ia64<br>Linux-x86_64<br>Linux-i386 | Based on CVS snapshot of RXTX taken on 2008-12-07 |

图 3.5　RxTx 下载页面

　　本书使用 Windows－x64 版本进行讲解。

RxTx Windows－x64 版本包含的文件清单如图 3.6 所示。其中,rxtxParallel.dll 和 rxtxSerial.dll 是底层并口和串口的 Windows 运行时库文件。RXTXcomm.jar 是 Java 开发串口通信应用程序的开发库,需要导入到开发工程目录中。

BuildProperties.txt

Install.txt

Readme.txt

ReleaseNotes.txt

RXTXcomm.jar

rxtxParallel.dll

rxtxSerial.dll

图 3.6　RxTx Windows－x64 版本包含的文件清单

（2）设备连线。

根据图 3.7 所示的实验接线图接好设备连接测试线,这里用到了 ADAM－4150 数字量采集器、继电器开关、RS232－RS485 转接器、RS232 转 USB 线及风扇。图 3.7 中简化了电源接线,电源接线根据各设备电源引脚标识进行连接。

其中,控制风扇的继电器接在 ADAM－4150 的 DO0 端口,RS232－RS485 转接器接在 ADAM－4150 的 485＋和 485－端口。

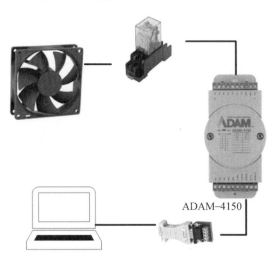

图 3.7　实验接线图

（3）编写串口管理工具类。

【任务分析】

① 搭建串口应用开发环境。

② 创建串口管理工具类 SerialPortManager。

③ 为满足串口通信需求,编写的工具类中需包括如下方法:

a.打开串口;

b.关闭串口;

c.串口添加监听;

d.串口移除监听;

e.读取串口数据;

f.发送指令。

为使该工具类使用更加方便,需要将所有方法类设计成静态成员方法。

【任务实施】

① 创建一个名为 IoTSerialPort 的 Java 工程(图 3.8,图 3.9)。

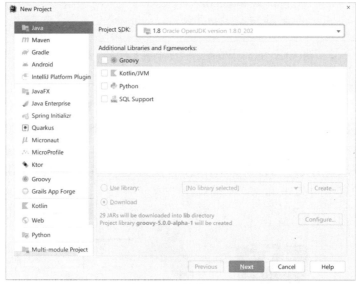

图 3.8    创建工程

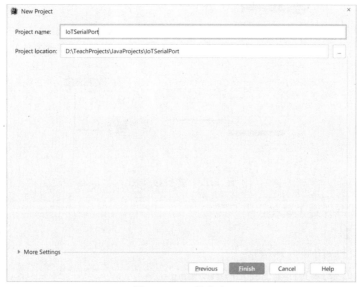

图 3.9    工程命名

② 在工程目录下新建 lib 文件夹,并将 RxTx 压缩包解压的 RXTXcomm.jar 复制到该目录下(图 3.10)。

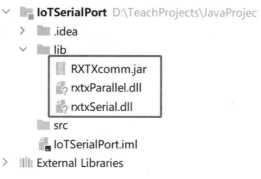

图 3.10　拷贝 RXTXcomm.jar 文件

③ 右键 RXTXcomm.jar,将其添加为工程的库文件(图 3.11)。 同时,需要把 rxtxSerial.dll 复制到 jdk 安装目录下的 jre\\bin 目录下。

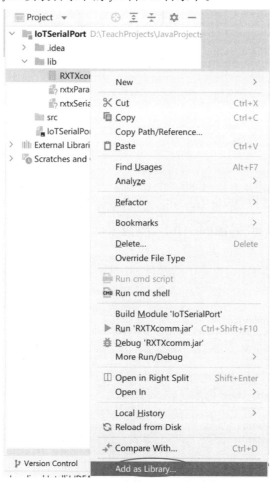

图 3.11　添加为工程的库文件

Java 物联网程序设计

④ 在 src 目录下新建 utils 包,在 src 目录下新建用于执行程序的 demo 类,并在 demo 类中编写 main 函数(图 3.12,图 3.13)。

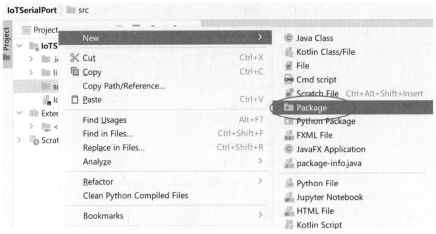

图 3.12　在 src 目录下新建 utils 包

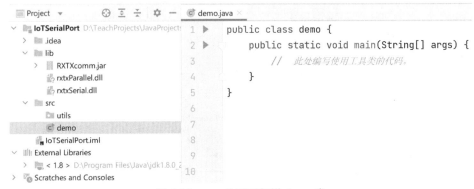

图 3.13　src 目录下新增 demo 类

⑤ 在 utils 包中新建 SerialPortUtils 类(图 3.14)。

图 3.14　新建 SerialPortUtils 类

⑥ 编写封装打开串口的方法 openPort()，方法的参数为串口名称和波特率，返回值为串口对象。方法中有关异常采用声明的方式处理。

```
/ *
    方法功能:打开串口
    传入参数 1:portName 端口名称
    传入参数 2:baudrate 波特
    传出参数:SerialPort 串口对象
* /
public static SerialPort openPort(String portName, int baudrate) {
    try {// 捕捉异常
// 通过端口名识别端口
CommPortIdentifier portIdentifier = CommPortIdentifier.getPortIdentifier(portName);
// 打开端口,并给端口名字一个 timeout(打开操作的超时时间)
CommPort commPort = portIdentifier.open(portName, 2000);
// 判断是不是串口
if (commPort instanceof SerialPort) {
        SerialPort serialPort = (SerialPort) commPort;
// 设置串口的波特率等参数
try {
            serialPort.setSerialPortParams(9600, baudrate, SerialPort.STOPBITS_1,
SerialPort.PARITY_NONE);
        } catch (UnsupportedCommOperationException e) {
            e.printStackTrace();
        }
System.out.println(" 打开串口:{}" + portName + " 成功");
        return serialPort;
    } else {
System.out.println(" 不是串口");
    }
    } catch (NoSuchPortException e) {
System.out.println(" 没有找到端口:{}" + portName );
        e.printStackTrace();
    } catch (PortInUseException e) {
System.out.println(" 端口被占用");
        e.printStackTrace();
    }
    return null;
}
```

⑦ 编写封装关闭串口的方法 closePort(),参数为待关闭的串口对象。

```
/* *
 * 关闭串口
 */
public static void closePort(SerialPort serialPort) {
    if (serialPort ! = null) {
        serialPort.close();
        serialPort = null;
    }
}
```

⑧ 编写添加监听串口的方法 addListener(),参数为串口对象和串口监听器对象。

```
/* * 添加监听器 */
public static void addListener(SerialPort port,SerialPortEventListener listener){
    try {
// 给串口添加监听器
port.addEventListener(listener);
// 设置当有数据到时唤醒监听接收线程
port.notifyOnDataAvailable(true);
// 设置当通信中断时唤醒中断线程
port.notifyOnBreakInterrupt(true);
    }catch (TooManyListenersException e){
System.out.println(" 太多监听器");
        e.printStackTrace();
    }
}
```

⑨ 编写封装监听移除方法 removeListener(),参数为待移除监听的串口对象。

```
/* * 删除监听器 */
public static void removeListener(SerialPort port,SerialPortEventListener listener){
// 删除串口监听器
port.removeEventListener();
}
```

⑩ 编写封装向串口发送数据的方法 sendToPort(),参数为串口对象和要发送的数据字节数组。将传入的字节数据写入串口输出流中。

```
/* 向串口发送数据 */
public static void sendToPort(SerialPort serialPort, byte[] order) {
    OutputStream out = null;
    try {
        out = serialPort.getOutputStream();
        out.write(order);
        out.flush();
    } catch (IOException e) {
        e.printStackTrace();
    } finally {
        try {
            if (out ! = null) {
                out.close();
            }
        } catch (IOException e) {
            e.printStackTrace();
        }
    }
}
```

⑪ 编写封装从串口读取数据的方法 readFromPort()，参数为串口对象。通过串口对象的输入流，每次读取一个字节数据，并将数据添加到预先定义好的字节数组中。

```
/* 从串口读取数据 */
public static byte[] readFromPort(SerialPort serialPort){
    InputStream in = null;
    byte[] bytes = null;
    try {
        in = serialPort.getInputStream();
        int bufflenth = in.available();
        while (bufflenth! = 0){
            bytes = new byte[bufflenth];
            in.read(bytes);
            bufflenth = in.available();
        }
    }catch (IOException e){
        e.printStackTrace();
    }finally {
        try {
            in.close();
        } catch (IOException e) {
            e.printStackTrace();
        }
    }
    return  bytes;
}
```

完整工具类 SerialPortUtils.java 代码如下：

```java
package utils;
import gnu.io.*;
import java.io.IOException;
import java.io.InputStream;
import java.io.OutputStream;
import java.util.TooManyListenersException;
// 串口通信工具类
public class SerialPortUtils {
/*
        方法功能：打开串口
        传入参数 1：portName 端口名称
        传入参数 2：baudrate 波特率
        传出参数：SerialPort 串口对象
    */
public static SerialPort openPort(String portName, int baudrate) {
        try {
// 通过端口名识别端口
CommPortIdentifier portIdentifier = CommPortIdentifier.getPortIdentifier(portName);
// 打开端口，并给端口名字一个 timeout(打开操作的超时时间)
CommPort commPort = portIdentifier.open(portName, 2000);
// 判断是不是串口
if (commPort instanceof SerialPort) {
                SerialPort serialPort = (SerialPort) commPort;
// 设置串口的波特率等参数
try {
                    serialPort.setSerialPortParams(9600, baudrate, SerialPort.STOPBITS_1,
SerialPort.PARITY_NONE);
                } catch (UnsupportedCommOperationException e) {
                    e.printStackTrace();
                }
System.out.println(" 打开串口：{}" + portName + " 成功");
                return serialPort;
            } else {
System.out.println(" 不是串口");
            }
        } catch (NoSuchPortException e) {
System.out.println(" 没有找到端口：{}" + portName);
            e.printStackTrace();
        } catch (PortInUseException e) {
```

```
System.out.println(" 端口被占用");
            e.printStackTrace();
        }
        return null;
    }
/* *
    * 关闭串口
    */
public static void closePort(SerialPort serialPort) {
        if (serialPort !  = null) {
            serialPort.close();
            serialPort = null;
        }
    }
/* * 添加监听器 */
public static void addListener(SerialPort port,SerialPortEventListener listener){
        try {
// 给串口添加监听器
port.addEventListener(listener);
// 设置当有数据到时唤醒监听接收线程
port.notifyOnDataAvailable(true);
// 设置当通信中断时唤醒中断线程
port.notifyOnBreakInterrupt(true);
        }catch (TooManyListenersException e){
System.out.println(" 太多监听器");
            e.printStackTrace();
        }
    }
/* * 删除监听器 */
public static void removeListener(SerialPort port,SerialPortEventListener listener){
// 删除串口监听器
port.removeEventListener();
    }
/* *
    * 向串口发送数据
    */
public static void sendToPort(SerialPort serialPort, byte[] order) {
        OutputStream out = null;
        try {
            out = serialPort.getOutputStream();
```

```
            out.write(order);
            out.flush();
        } catch (IOException e) {
            e.printStackTrace();
        } finally {
            try {
                if (out ! = null) {
                    out.close();
                }
            } catch (IOException e) {
                e.printStackTrace();
            }
        }
    }
/ * * 从串口读取数据 * /
public static byte[] readFromPort(SerialPort serialPort){
        InputStream in = null;
        byte[] bytes = null;
        try {
            in = serialPort.getInputStream();
            int bufflenth = in.available();
            while (bufflenth! = 0){
                bytes = new byte[bufflenth];
                in.read(bytes);
                bufflenth = in.available();
            }
        }catch (IOException e){
            e.printStackTrace();
        }finally {
            try {
                in.close();
            } catch (IOException e) {
                e.printStackTrace();
            }
        }
        return bytes;
    }
}
```

⑫ 在 demo 类的 main 方法中测试串口工具类的使用。

先准备好控制指令,ADAM－4150 数字量采集控制器控制指令格式见表 3.3。控制指令与硬件设备接入的控制器端口有关,需要根据实际接线情况进行修改。

表 3.3　ADAM－4150 数字量采集控制器控制指令格式

| 地址码 | 功能码 | 起始地址 | 起始地址 | 开 | 读取数量 | CRC 低位 | CRC 高位 |
|--------|--------|----------|----------|------|----------|----------|----------|
| 0x01 | 0x05 | 0x00 | 0x10 | 0xFF | 0x00 | 0x00 | 0x8D |

注:控制指令功能码为 0x05;地址码 0x01 是 ADAM－4150 烧写的物理地址;起始地址 0x10 对应 ADAM－4150 的 DO0 口,11 对应了 DO1 口,以此类推。

以下是打开和关闭继电器的指令代码,其中控制风扇的继电器接在 ADAM－4150 的 DO0 口中。

① 打开风扇继电器。{0x01, 0x05, 0x00, 0x10, 0xFF, 0x00, 0x8D, 0xFF}。

② 关闭风扇继电器。{0x01, 0x05, 0x00, 0x10, 0x00, 0x00, 0xCC, 0x0F}。

```java
import gnu.io.SerialPort;
import utils.SerialPortUtils;
public class demo {
    public static void main(String[] args) {
        // 此处编写使用工具类的代码
        // 准备好控制指令
        byte[] openData = {0x01, 0x05, 0x00, 0x10, (byte) 0xFF, 0x00, (byte) 0x8D, (byte) 0xFF};
        byte[] closeData = {0x01, 0x05, 0x00, 0x10, 0x00, 0x00, (byte) 0xCC, 0x0F};
        // 打开串口
        SerialPort port = SerialPortUtils.openPort("COM1",9600);
        // 发送指令控制风扇打开
        SerialPortUtils.sendToPort(port,openData);
        // 发送指令控制风扇关闭
        //SerialPortUtils.sendToPort(port,closeData);
    }
}
```

根据以下设备接线图接好设备,并通过 RS232－RS485 转接器接入电脑,运行编写并执行以上的工具类测试用例代码,可以看到风扇打开了。如果让打开代码注释掉,则把关闭代码注释取消,重新运行代码即可看到风扇关闭了。

### 任务训练

(1) 在 Java 中,(　　)访问权限最小。

A. private　　　　B. protected　　　　C. 默认　　　　D. public

(2) 以下有关构造方法的说法,正确的是(　　)。

A. 一个类的构造方法可以有多个

B. 构造方法在类定义时被调用

C. 构造方法只能由对象中的其他方法调用

D. 构造方法可以与类同名,也可以与类不同名

# 任务 3.2　通过串口获取传感器数据

## 学习目标

（1）掌握 Java 代码块的使用。

（2）掌握 Java 包的用法。

（3）掌握类的封装。

（4）了解枚举类型的定义和使用方法。

## 工作任务

使用串口管理类实现传感器数据采集。

## 课前预习

（1）静态代码块什么时候执行？

（2）包的作用有哪些？

（3）封装是用什么关键字实现的？

## 相关知识

任务 3.1 编写了一个用于串口通信的 Java 类，并用该类实现了向串口发送关闭和开启的指令，从而控制风扇的开和关。物联网应用开发除涉及设备的开关外，还会涉及感知层设备的数据采集问题。

本节通过串口管理工具获取感知层真实的传感器数据，并通过 Java 代码将数据转换为可用的数据。利用任务 3.1 中编写好的 SerialPortUtils 串口工具类，可以实现串口监听，对串口进行读取数据操作。

在实现以上功能前，需要先学习一些新的 Java 知识。

### 1. Java 代码块

代码块、包

代码块又称初始化块，是类的一部分，类似于方法，将逻辑语句封装在方法体中，通过｛｝包围起来。

但代码块又与方法不同，没有方法名，没有返回，没有参数，只有方法体，而且不用通过对象或类显式调用，而是在加载类或创建对象时隐式调用。

以下为代码块的基本格式：

```
[修饰符]{
        代码
};
```

注意:修饰符可以不写,但是如果要写,也只能写 static。

代码块分为两类,有 static 修饰的称为静态代码块,没有 static 修饰的称为普通代码块或非静态代码块。

{} 后面的分号";"可以写也可以不写,一般会写上。

代码块一般用于减少代码冗余问题。当重载的构造方法中有需要重复的代码时,可以将这部分代码定义为代码块,减少代码冗余,提高代码的重用性。

根据代码块的位置和声明的不同,代码块可以分为以下几种。

① 局部代码块。用于限定变量生命周期,及早释放,提高内存利用率。

② 静态代码块。主要用于对静态属性进行初始化。

③ 实例(构造)代码块。调用构造方法都会执行,并且在构造方法前执行。

三种类型的代码块执行顺序是首先执行静态代码块,然后执行实例(构造)代码块,最后执行局部代码块。

(1) 局部代码块。

局部代码块在方法中出现。执行下面的测试代码:

```java
public class Test1{
    public static void main(String[] args) {
        // 局部代码块
        {
            int n = 100;
        }
        // 局部代码块中声明的变量在代码块外部访问不到
        //System.out.println(n);
    }
}
```

(2) 静态代码块。

静态代码块在代码块前使用 static 修饰,且代码块必须放在类下,而不是方法中,与类一起加载执行。执行下面的测试代码:

```
public class Test2 {
    public static String name;
    // 静态代码块
    static {
        // 初始化静态资源
        name = " 张三";
System.out.println(" 静态代码块执行...");
    }
    public static void main(String[] args) {
System.out.println("main 方法执行...");
System.out.println(name);
    }
}
```

运行后,静态代码块的代码会先执行。执行静态代码块的运行结果如图 3.15 所示。

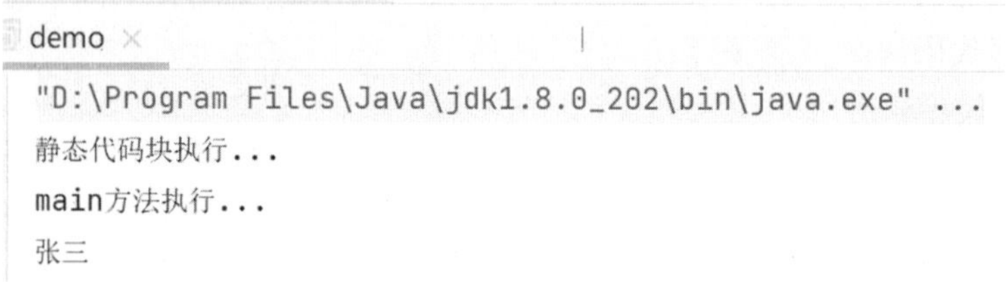

```
demo ×

"D:\Program Files\Java\jdk1.8.0_202\bin\java.exe" ...
静态代码块执行...
main方法执行...
张三
```

图 3.15    执行静态代码块的运行结果

(3) 实例(构造) 代码块。

当 Java 类中的多个构造函数都具有相同的语句时,可以把相同的代码放到一个代码块中,无须定义名称。在使用时,无论用哪个构造方法创建对象,都会优先调用代码块的内容,代码块调用的优先顺序高于构造器。

以下为构造代码块执行测试:

```
public class Test {
    private String data1;
    private String data2;
    private String data3;
    // 三个构造方法都包含的代码
{
System.out.println(" 三个构造方法的公用代码");
    }
    public Test(String d1) {
System.out.println("Test(String d1) 被调用");
        this.data1 = d1;
```

```
        }
        public Test(String d1, String d2) {
System.out.println("Test(String d1, String d2) 被调用");
            this.data1 = d1;
            this.data1 = d2;
        }
        public Test(String d1, String d2, String d3) {
System.out.println("Test(String d1, String d2, String d3) 被调用");
            this.data1 = d1;
            this.data2 = d2;
            this.data3 = d3;
        }
    }
public class demo {
    public static void main(String[] args) {
Test test1 = new Test(" 数据 1");
Test test2 = new Test(" 数据 1"," 数据 2");
Test test3 = new Test(" 数据 2"," 数据 2"," 数据 3");
    }
}
```

构造代码块的运行结果如图 3.16 所示。

```
"D:\Program Files\Java\jdk1.8.0_202\bin\java.exe" ...
三个构造方法的公用代码
Test(String d1)被调用
三个构造方法的公用代码
Test(String d1, String d2)被调用
三个构造方法的公用代码
Test(String d1, String d2, String d3)被调用

Process finished with exit code 0
```

图 3.16　构造代码块的运行结果

### 2. 包

（1）包的定义。

包（package）是一个命名空间（namespace），它是一种松散的具有相似功能的类与接口的集合。在 Java 中，包以目录的形式存在，是 Java 中管理类与接口的有效机制。同一个包中的类在默认情况下可以相互访问，称为包访问性。

包的作用是把功能相似或相关的类或接口组织在同一个包中，方便类的查找和使用。Java 使用包这种机制是为了防止命名冲突，访问控制，提供搜索和定位类（class）、接口、枚举（enumerations）和注释（annotation）等。当同时调用两个不同包中相同类名的

类时，应该加上包名加以区别。

默认情况下，系统创建一个无名包，而无名包中的类不能被其他包中的类引用和复用。为此，需要创建有名字的包。Java 有一个语言约定习惯：包名全部采用小写字母。

包声明应该在 Java 源文件的第一行，每个源文件只能有一个包声明，这个文件中的每个类型都应用于它。包声明的格式如下：

```
package 包名称.子包名称;
```

包名的声明如图 3.17 所示。

demo.java
SerialPortUtils.java
T
package utils;
import gnu.io.*;
import java.io.IOException;
import java.io.InputStream;
import java.io.OutputStream;
import java.util.TooManyList

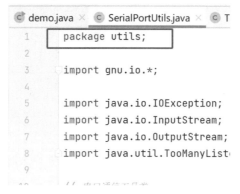

图 3.17　包名的声明

如果一个源文件中没有使用包声明，那么其中的类、函数、枚举、注释等将被放在一个默认的无名包中。

(2) 包的引用。

① 导入需要使用的类。格式如下：

```
import 包名.类名;
```

例如，“import java.util.Scanner;”表示使用 Java util 包下的 Scanner 类。

当所需包中的类较少时，可直接加载所需类。

导入特定的类如图 3.18 所示。

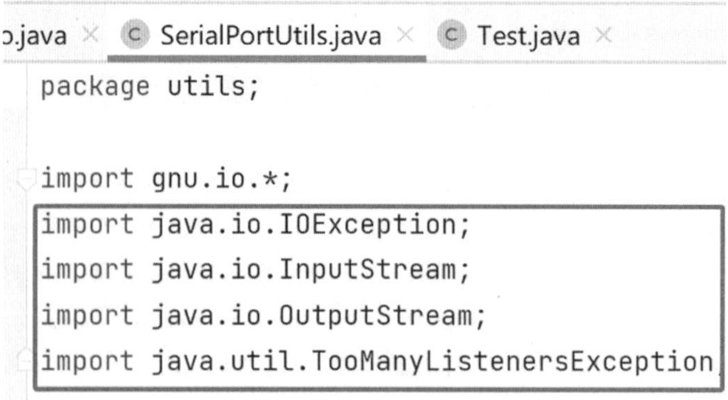

.java
SerialPortUtils.java
Test.java
package utils;
import gnu.io.*;
import java.io.IOException;
import java.io.InputStream;
import java.io.OutputStream;
import java.util.TooManyListenersException

图 3.18　导入特定的类

② 导入整个包。格式如下：

```
import 包名.*；
```

其中，通配符"＊"指代该包中根目录下的所有类，但不包含其子目录中的类。
例如，"import java.util. ＊ ；"表示当前加载 Java util 包下的所有类。
当所需包中的类很多时，可直接加载整个包中的类。
导入某个包的所有类如图 3.19 所示。

图 3.19　导入某个包的所有类

③ 直接使用包名、类名作为前缀。格式如下：

```
包名.类名
```

这种方式无须用 import 语句提前加载包，使用同一个包中的类，无须加上包名作为前缀。若使用其他包中的类，则需要加上包名作为类名的前缀。

在执行代码中直接指定类路径如图 3.20 所示。

```
demo.java ×  ⓒ SerialPortUtils.java ×  ⓒ Test.java ×
    import gnu.io.SerialPort;

▶   public class demo {
▶       public static void main(String[] args) {
            //  此处编写使用工具类的代码。
            //  准备好控制指令
            byte[] openData = {0x01, 0x05, 0x00, 0x10, (byte) 0xFF, 0x00, (by
            byte[] closeData = {0x01, 0x05, 0x00, 0x10, 0x00, 0x00, (byte) 0x
            //  打开串口
            SerialPort port = utils.SerialPortUtils.openPort( portName: "COM1",
            //  发送指令控制风扇开关
            utils.SerialPortUtils.sendToPort(port,openData);
            utils.SerialPortUtils.sendToPort(port,closeData);
        }
    }
```

图 3.20　在执行代码中直接指定类路径

④ 常用包。

a.java.lang 包。java.lang 包是 Java 语言的核心类库,包含了运行 Java 程序必不可少的系统类。该包系统会自动加载,无须用 import 语句导入。

b.java.io 包。java.io 包是 Java 语言的标准输入与输出的类库,包含了实现 Java 程序与操作系统、用户界面及其他 Java 程序做数据交换所使用的类。

c.java.util 包。java.util 包包含了 Java 语言中的一些低级的实用工具,如如何处理时间的 Date 类、处理动态数组的 Vector 类、栈 Stack 类、散列表 HashTable 类等。

类的封装
枚举类型

### 3. 类的封装

类是属性和行为的集合,是一个抽象概念。而对象是该类事物的具体体现,是一种具体存在。当需要对某个类中的一些数据进行保护,不希望让类以外的代码随意修改它们时,或当想调用某个类中的方法,但又不能将该方法的实现细节暴露出来时,就需要使用 Java 的封装特性。

封装是将一系列相关事物的共同的属性和行为提取出来,使得类的成员属性和成员方法放到一个类中,隐藏对象的属性和实现细节,根据成员属性和成员方法的访问修饰符的设定,对外提供相应的访问权限。

从前面章节的知识点中可知,Java 提供了 public、private、protected 和默认(无修饰符)等访问修饰符,用于控制类的成员(字段和方法)对外的可见性。

(1)封装。

封装分为成员属性封装和成员方法封装。

成员变量封装如下:

```
private 数据类型 变量名;
```

成员方法封装如下:

```
private 返回值类型 方法名(参数列表){ …… }
```

这时,创建的类中的成员属性或成员方法就被 private 私有化,无法被外界使用对象直接进行调用,所以要用其他的方法对其进行赋值和取值进行调用。

以下代码定义了一个 Data 类,成员属性都为 private 类型:

```
package pojo;
public class Data {
    private int year;
    private int month;
    private int day;
    public void printDate() {
System.out.println(year + "-" + month + "-" + day);
    }
}
```

如果在函数体外使用实例化对象对成员属性进行修改,会提示报错,如以下代码:

```
import pojo.Data;
public class demo {
    public static void main(String[] args) {
// 创建一个对象 data
Data data = new Data();
// 通过成员运算符"." 对成员变量进行赋值
data.year = 2023;   // 出错,私有成员属性无法访问
data.month = 10;   // 出错,私有成员属性无法访问
data.day = 20;      // 出错,私有成员属性无法访问
data.printDate();
    }
}
```

在函数体外使用实例化对象对成员属性进行修改运行结果如图 3.21 所示。

图 3.21　　在函数体外使用实例化对象对成员属性进行修改运行结果

（2)getter 和 setter 方法。

由于要保护成员属性的数据私有性,因此使用了 private 私有化成员属性,从而导致外界无法直接获取或读取成员变量。但是某些情况下需要对私有化成员属性进行访问,如何实现呢? Java 提供了 getter 和 setter 机制来实现。

getter 和 setter 方法分别用于获取(获取值)和设置(设置值)对象的私有属性。这样,可以通过这些方法来控制对属性的访问,保护数据的完整性,并提供一致的访问接口。

getter 方法用于获取对象的属性值,其命名通常以 get 开头,后面跟着属性名,首字母大写。getter 方法是读取属性值的通用方式。

setter 方法用于设置对象的属性值,其命名通常以 set 开头,后面跟着属性名,首字母大写。setter 方法是设置属性值的标准方式。

以下代码是 getter 和 setter 方法定义的示例:

```java
package pojo;
public class Data {
    private int year;
    private int month;
    private int day;
    public int getYear() {
        return year;
    }
    public void setYear(int year) {
        this.year = year;
    }
    public int getMonth() {
        return month;
    }
    public void setMonth(int month) {
        this.month = month;
    }
    public int getDay() {
        return day;
    }
    public void setDay(int day) {
        this.day = day;
    }
    public void printDate() {
System.out.println(year + "-" + month + "-" + day);
    }
}
```

getter 和 setter 方法使用示例如下：

```java
import pojo.Data;
public class demo {
    public static void main(String[] args) {
// 创建一个对象 data
Data data = new Data();
// 通过 set 方法对成员变量进行赋值
        data.setYear(2023);
        data.setMonth(10);
        data.setDay(20);
        data.printDate();
    }
}
```

（3）getter 和 setter 的优点。

① 封装和数据隐藏。getter 和 setter 方法允许属性私有化,隐藏内部实现细节,只暴露必要的属性访问接口。

② 数据验证和控制。通过 setter 方法,可以在设置属性值之前进行验证和控制,确保属性值的有效性。

③ 适应未来变化。使用 getter 和 setter 方法,如果属性的实现细节变化,则只需在 getter 和 setter 中进行调整,而不会影响外部调用者。

④ 不暴露细节。不要在 getter 和 setter 方法中暴露过多的内部细节,只提供必要的访问和控制即可。

⑤ 命名规范。getter 方法的命名应该以 get 开头,setter 方法的命名应该以 set 开头,属性名的首字母大写。命名规范有助于提高代码的可读性。

⑥ 私有属性。将属性声明为私有,强制外部代码使用 getter 和 setter 方法进行访问,遵循封装原则。

⑦ 属性验证。在 setter 方法中进行属性值验证,确保设置的值是有效的,避免不合理的数据进入对象。

### 4. 枚举类型

枚举 enum 的全称为 enumeration,是 JDK 1.5 中引入的新特性,存放在 java.lang 包中。枚举类型是一种特殊的数据类型,能够为一个变量定义一组预定义的常量,用于声明一组带标识符的常数。枚举在日常生活中很常见,如一个人的性别只能是"男"或"女"、一周的星期只能是 7 天中的其中一个等。枚举变量必须等于其预定义的值之一,不在预定义的值范围内将会在编译阶段检查报错。

（1）枚举类型的定义。

以下为名为 WeekDay 的枚举类型,定义表示一周的星期几:

```
public enum WeekDay {
SUNDAY, MONDAY, TUESDAY, WEDNESDAY, THURSDAY, FRIDAY, SATURDAY;
}
```

关键字 enum 表示当前定义的是枚举类型,WeekDay 为枚举类型名称。枚举类型中,在括号中列出该枚举类型需要包含的枚举成员标识范围（值的范围）,如 SUNDAY、MONDAY 等。

任意两个枚举成员不能具有相同的名称,且它的常数值必须在该枚举的基础类型的范围之内,多个枚举成员之间使用逗号分隔。

随后,便可以通过枚举类型名直接引用常量,如 WeekDay.SUNDAY。以下为代码的使用方法:

109

```
import myenum.WeekDay;
public class demo {
    public static void main(String[] args) {
// 赋值仅能是在 WeekDay 内预定义范围内的值,否则出错
        WeekDay day = WeekDay.SUNDAY;
if(day == WeekDay.SATURDAY || day == WeekDay.SUNDAY){
System.out.println("周末 happy");
        }
        else {
System.out.println("工作日上班");
        }
    }
}
```

（2）自定义枚举属性和方法。

枚举类型本质上还是属于 Java 类。Java 中的每一个枚举都继承自 java.lang.Enum 类。因此,枚举也可以有成员属性和成员方法。下面为传感器枚举类的定义,自定义枚举类型 SensorType 示例:

```
public enum SensorType {
LIGTH("光照传感器",0,2000),
CO2("二氧化碳",0,100),
TEMPERATE("温度",-30,300),
HUMIDITY("湿度",0,100);
    private  String name;
    private int maxRange;
    private int minRange;
// 枚举类型的构造函数,设定传感器类型、最大值和最小值
SensorType(String name, int min, int max)
    {
        this.name = name;
        this.maxRange = max;
        this.minRange = min;
    }
    public int getMaxRange()
    {
        return maxRange;
    }
    public int getMinRange()
    {
        return minRange;
    }
}
```

如此便实现了枚举属性具有不同的值范围及传感器名称。

### 5. 传感器数据采集

传感器数据
采集

【任务分析】

① 添加串口工具依赖包。

② 使用串口管理工具类 SerialPortUtils，打开 ZigBee 协调器连接的串口。

③ 串口工具类 SerialPortUtils 对串口进行监听。

④ 分析提取传感器数据。

【编程实现】

（1）打开代码编辑工具，创建 IoTSerialPort 工程。

111

（2）在 src 根目录下新建包名 sensordata。

（3）在包 sensordata 下创建串口监听类 ZigbeeListener，并实现 SerialPort EventListener 接口。

此处可使用集成开发环境中的代码生成功能。先编写好基本代码，右键类名称所在行，选择"Generate...（生成）"。使用开发工具的生成功能如图 3.22 所示。

```
package sensordata;

import gnu.io.SerialPortEventListener;

public class ZigbeeListener implements SerialPortEventListener {
}
```

| | |
|---|---|
| 💡 Show Context Actions | Alt+Enter |
| 📋 Paste | Ctrl+V |
| Copy / Paste Special | › |
| Column Selection Mode | Alt+Shift+Insert |
| Find Usages | Alt+F7 |
| Refactor | › |
| Folding | › |
| Analyze | › |
| Go To | › |
| Generate... | Alt+Insert |
| Open In | › |
| Local History | › |
| 📋 Compare with Clipboard | |
| 🔲 Diagrams | › |
| ○ Create Gist... | |

图 3.22　使用开发工具的生成功能

选择"Implement Methods..."实现接口方法（图 3.23）。

Java 物联网程序设计

Generate

Constructor
toString()
Override Methods...          Ctrl+O
Implement Methods...         Ctrl+I
Test...
Copyright

图 3.23    选择实现方法

双击选中要实现的接口方法,此接口仅有一个需要实现的方法(图 3.24)。

图 3.24    选中需要实现的方法

通过集成开发工具自动生成的实现方法如图 3.25 所示,可以看到通过开发工具生成了部分代码。

```
package sensordata;

import gnu.io.SerialPortEvent;
import gnu.io.SerialPortEventListener;

public class ZigbeeListener implements SerialPortEventListener {
    @Override
    public void serialEvent(SerialPortEvent serialPortEvent) {

    }
}
```

图 3.25　通过集成开发工具自动生成的实现方法

接下来编写剩余代码,该类可用于监测串口数据不同类型的传感器数据,并在后台打印出来。串口监听类 ZigbeeListener 的完整实现如图 3.26 所示。

```
package sensordata;
import gnu.io.SerialPort;
import gnu.io.SerialPortEvent;
import gnu.io.SerialPortEventListener;
import utils.ByteUtils;
import utils.SerialPortUtils;
import java.text.DecimalFormat;

public class ZigbeeListener implements SerialPortEventListener {
    private SerialPort port;
    public ZigbeeListener(SerialPort port)
    {
        this.port = port;
    }
    @Override
    public void serialEvent(SerialPortEvent serialPortEvent) {
        switch (serialPortEvent.getEventType()) {
            case SerialPortEvent.DATA_AVAILABLE:
                if (port != null) {
                    byte[] datas = SerialPortUtils.readFromPort(port);
                    if (datas[17] == 33) {
                        String light = ByteUtils.byteToHex(datas[19])
                                + ByteUtils.byteToHex(datas[18]);
                        double reslight = Integer.parseInt(light, radix: 16) / 100.0;
                        // 光照数值转换公式
                        double value = Math.pow(10, ((1.78 - Math.log10(33 / reslight - 10)) / 0.6));
                        System.out.println("当前光照值: "
                                + new DecimalFormat( pattern: "#.00").format(value));
                    }
                }
                break;
        }
    }
}
```

图 3.26　串口监听类 ZigbeeListener 的完整实现

其中,ByteUtils 为自定义工具类,该类中的 byteToHex 成员方法功能是将字节数据转换成 16 进制表示的字符串。以下是字节数据转换成 16 进制表示的字符串参考代码:

```
package utils;
public class ByteUtils {
    // byte16 进制
public static String byteToHex(byte b){
        String hex = Integer.toHexString(b & 0xFF);
        if(hex.length() < 2){
            hex = "0" + hex;
        }
        return hex;
    }
}
```

114

### 任务训练

(1) 关于"package + 包名";的说法不正确的是(　　)。

A. 一个 Java 源文件可以有多个 package 语句

B. 建议包名应该全部英文小写

C. 建议包名命名方式为域名倒叙 + 模块 + 功能

D. "package + 包名;"必须放在 Java 源文件中的第一行

(2) 请使用 getter 和 setter 方法实现学生信息类的封装。

# 项目 4　采集传感器数据的接口

## 任务 4.1　构建数据接口

（1）掌握 Java 类的继承和方法重写。
（2）掌握抽象类与接口的实现。
（3）掌握对象的多态性。

接口的应用实现。

（1）继承机制解决了编程过程中什么问题？
（2）类的继承是通过什么关键字实现的？
（3）接口是什么？
（4）请用通俗的语言描述一下多态性是什么。

在开发物联网应用时，需要涉及采集各类传感器数据。不同的传感器有不同的特点，有数字量传感器和模拟量传感器之分。数字量传感器数据较为统一，其传感器值无非就是 0 和 1 两种值。程序从模拟量传感器获取到的数值格式都是统一的，但是模拟量传感器的数据属于非离散数据，且传感器的性能参数不同或采集数据不同，导致在模拟量转换成数字量的数据解析过程中，转换公式会有较大差异。因此，需要根据不同的传感器设定不同的转换公式，最佳方法是可以对外屏蔽转换细节，采用统一的解析接口。

本项目将通过 Java 的继承、接口机制和多态特性对数据采集的代码进行模块化封装，实现统一的解析接口。

### 1. 类的继承

（1）继承的概念。

面向对象程序设计中最重要的一个概念是继承。继承允许依据一个已有的类（父类，又称基类）去定义另一个类（子类），能够从已有的类中派生出新的类。子类继承了父类的成员属性和成员方法，同时还在父类基础上，在子类上增加新的成员属性和成员方法。这使得创建和维护一个应用程序变得更容易，达到了重用代码功能和提高执行效率的效果。

Java 类的继承格式如下：

```
public class 子类名 extends 父类名{
子类类体代码
}
```

Java 类的继承是通过关键字 extends 来实现的，子类继承了父类的成员属性和成员方法，即拥有了符合的基本特征和功能，并且在子类类体中可以新增子类特有的成员属性和成员方法。

下面通过图 4.1 所示动物继承关系的例子来理解 Java 类的继承。

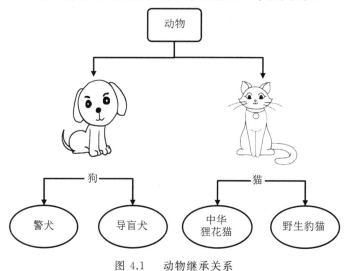

图 4.1　动物继承关系

图 4.1 中，狗和猫都属于动物，因此狗和猫都继承了动物的基本特征和行为。而狗这种动物又可以派生出警犬、导盲犬等犬种，猫同样可以派生出不同的猫种。

下面用 Java 代码来描述一下动物、狗和猫的继承关系。

① Animal.java。动物类 Animal，代码如下：

```
//Animal.java
public class Animal {
    public String name;
    public String type ;// 什么类型的动物
public Animal(String name)
    {
        this.name = name;
    }
    public void play()
    {
System.out.println(this.name+" 正在玩耍。");
    }
}
```

② Dog.java。继承了动物类的 Dog 类,代码如下:

```
public class Dog extends Animal{
    public int age;
    public Dog(String name,int age) {
        super(name);
        this.age = age;
        this.type = " 狗类";
    }
    public void working()
    {
System.out.println(this.type+this.name+this.age+" 岁了,它在工作。");
    }
}
```

③ Cat.java。继承了动物类的 Cat 类,代码如下:

```
public class Cat extends Animal{
    public String color;
    public Cat(String name,String color) {
        super(name);
        this.color = color;
        this.type =" 猫类";
    }
    public void speak()
    {
System.out.println(this.color +" 的" + type + this.name +" 在喵喵叫");
    }
}
```

④ 测试运行代码。

```java
public class demo {
    public static void main(String[] args) {
        Dog dog = new Dog("旺财",3);
        dog.working();
        dog.play();
Cat cat = new Cat("花花","橘色");
        cat.speak();
        cat.play();
    }
}
```

测试运行结果如图 4.2 所示。

demo ×

```
"D:\Program Files\Java\jdk1.8.0_202\bin\java.exe" ...
狗类旺财3岁了，它在工作。
旺财正在玩耍。
橘色的猫类花花在喵喵叫
花花正在玩耍。

Process finished with exit code 0
```

图 4.2　测试运行结果

从运行结果中可以看到,Dog 和 Cat 这两个类通过关键字 extends 继承了 Animal 类的共有属性和方法,同时又各自增加了自己特有的属性和方法。

(2) 方法重写(override)。

重写是子类对父类被允许访问的成员方法实现的具体过程进行重新编写,但是重写的方法返回值和形参类型都不能改变。重写的好处在于子类可以根据需要定义特定属于自己的行为实现代码。也就是说,子类能够根据需要实现父类的方法。

重写是通过关键字 @Override 写在需要重写的方法前面实现的。以下代码演示了方法的重写:

```java
public class Dog extends Animal{
    public int age;
    public Dog(String name,int age) {
        super(name);
        this.age = age;
        this.type = "狗类";
    }
}
```

```
        public void working()
        {
System.out.println(this.type＋this.name＋this.age＋" 岁了,它在工作。");
        }
        @Override
        public void play()
        {
System.out.println(this.name＋" 正在和主人玩足球。");
        }
}
```

方法重写运行结果如图 4.3 所示。从运行结果上看,原本基类的 play 方法应该输出的是"旺财正在玩耍。",由于 Dog 类通过关键字 @Override 对方法进行了重写,重新定义了实现方法,在 demo 程序中,dog 对象调用的是 Dog 子类中的 play 方法,而不是基类 Animal 中的 play 方法,所以输出了"旺财正在和主人玩足球。"。

图 4.3　　方法重写运行结果

(3) super 关键字。

在 Java 中,由于子类不能继承父类的构造方法,因此如果要调用父类的构造方法,可以使用 super 关键字。super 关键字代表对父类的引用,用于访问父类的非 private 修饰的成员属性、成员方法和构造器。

super 关键字的功能是在子类的构造方法中显式地调用父类构造方法,访问父类的成员方法和属性。

① 调用父类构造函数。super 关键字可以在子类的构造方法中显式地调用父类的构造方法。

基本格式如下:

super(构造方法的参数列表)

super 指定了父类构造方法中的所有参数。super() 必须是在子类构造方法的方法体的第一行,因为父类的构造方法是子类的基础,必须先执行父类的构造方法。以下代码的 super(name) 显式地调用了父类的构造方法 Animal(name):

```
public class Dog extends Animal{
    public int age;
    public Dog(String name,int age) {
super(name);
        this.age = age;
        this.type = " 狗类";
    }
//   其他代码
……
    }
```

如果一个类中没有写任何的构造方法,JVM 会生成一个默认的无参构造方法。

在继承关系中,由于在子类的构造方法中第一条语句默认为调用父类的无参构造方法,即默认为 super(),因此一般这行代码省略了。

因此,当在父类中定义了有参构造方法,但是没有定义无参构造方法时,编译器会强制要求定义一个相同参数类型的构造方法。通过 super 来调用父类其他构造方法时,只需要把相应的参数传过去。

② 调用父类成员方法和属性。当子类的成员变量或方法与父类同名时,可以使用 super 关键字来访问。如果子类重写了父类的某一个方法,即子类和父类有相同的方法定义,但是有不同的方法体,此时可以通过 super 来调用父类里面的这个方法。

a.调用父类成员属性。使用 super 访问父类中的成员属性与 this 关键字的使用相似,只不过它引用的是子类的父类,语法格式如下:

```
super.member
```

其中,member 是父类中的属性或方法。使用 super 访问父类的属性和方法时不用位于第一行。

b.调用父类成员方法。当父类和子类都具有相同的方法名时,可以使用 super 关键字访问父类的成员方法。

```
public class Dog extends Animal{
    public int age;
    public Dog(String name,int age) {
        super(name);
        this.age = age;
        this.type = " 狗类";
    }
    public void working()
    {
```

```
System.out.println(this.type + this.name + this.age + " 岁了，它在工作。");
    }
    @ Override
    public void play()
    {
// 调用了父类 Animal 的 play() 方法
super.play();
System.out.println(this.name + " 正在和主人玩足球。");
    }
}
```

调用父类成员方法运行结果如图 4.4 所示。

图 4.4　调用父类成员方法运行结果

（4）final 关键字。

final 是 Java 中的一个关键字，可以用于修饰类、方法和变量。一旦将某个对象声明为 final，那么将不能再改变这个对象的引用。

① 当一个类被声明为 final 时，它意味着该类不能被继承。

② 当一个成员方法被声明为 final 时，它意味着该方法不能被重写。

③ 当一个成员属性被声明为 final 时，它意味着该属性的值不能被修改。

final 关键字修饰格式如下：

```
final class 类名{}
```

使用 final 方法的原因有以下两个。

① 把方法锁定，以防任何继承类修改它的含义。

② 效率，在早期的 Java 实现版本中会将 final 方法转为内嵌调用。但是如果方法过于庞大，可能看不到内嵌调用带来的任何性能提升。在最近的 Java 版本中，不需要使用 final 方法进行这些优化。

如果尝试将被修饰为 final 的对象重新赋值，编译器就会报错，如下面的 final 关键字使用示例：

121

```
public final class Animal {
    public String name;
    public String type ;   // 什么类型的动物
    public Animal(String name)
    {
        this.name = name;
    }
    public void play()
    {
System.out.println(this.name+" 正在玩耍。");
    }
}
```

当继承 Animal 类时,编译后会提示报错,报错提示如图 4.5 所示。

图 4.5　报错提示

### 2. 抽象类与接口

抽象类与
接口

(1) 抽象类(abstract class)。

抽象类是基于 Java 的关键字 abstract 修饰的类实现的。当看到抽象两个字时,会疑惑抽象到底是什么。下面通过一个例子来理解抽象类。

当在网络中搜索"动物"这两个字的图片时,可以看到搜索出的图片结果繁杂又不同(图 4.6)。此时可以发现,在图片结果列表中,并没有看到一个具体的称为"动物"的东西,貌似"动物"这个东西在现实生活中并不存在,但是可以看到企鹅、猎豹、猩猩、乌龟等现实生活中存在的"动物"。当然,不会出现桌子、汽车、飞机等无关的事物。

因此,动物其实是具有相似的属性和行为的一类事物概念的归纳,意味着动物这个东西实际不存在,但是可以从概念层面描述一类事物。例如,狗和猫就是动物的不同具象存在。

Java 程序设计可以存在"动物"的某个具体的子类对象,但不能存在"动物"这个类对象。因此,不能创建出一个 Animal 对象。

假如父类知道子类一定要完成某个功能,但是每个子类完成的过程是不一样的,子类也只会用自己重写的功能,那么父类的成员方法就可以定义为抽象方法。子类重写这些方法,使用时调用子类与抽象方法同名的方法,那么这个父类应该定义为抽象类。

图 4.6　搜索结果截图

抽象类定义方法如下:

```
abstract class 类名称
{
成员属性;
成员方法;
}
```

例如,将前面知识点中类的继承中定义的动物类、狗、猫的代码进行修改,将动物类修改为抽象类,所有动物都有奔跑的行为,但是奔跑方式不一样。具体修改如下:

```
public abstract class Animal {
    public String name;
    public String type ;// 什么类型的动物
public Animal(String name)
    {
        this.name = name;
    }
    public void play()
    {
```

```
System.out.println(this.name+" 正在玩耍。");
    }
    // 增加了一个奔跑的抽象方法
public abstract   void running();
}
```

注意：running()抽象方法不能定义方法体，否则会报错。

当把 Animal 类定义为抽象类，同时声明了一个抽象方法后，Dog 类和 Cat 类就会报错，提示 Dog 类必须实现 Animal 类的抽象方法 running()。提示不能定义方法体如图 4.7 所示。

oblems:  **Current File** 1   Project Errors

ⓒ **Dog.java** D:\TeachProjects\JavaProjects\JavaStudy\src\classList  1 problem

ⓘ Class 'Dog' must either be declared abstract or implement abstract method 'running()' in 'Animal' :3

图 4.7　提示不能定义方法体

可以通过右键 Dog 类名，在弹出菜单中选择"生成"，再选择"实现方法"。生成实现方法如图 4.8 所示。

图 4.8　生成实现方法

选中"running()"确定，为 Dog 类实现父类抽象方法 running，最后自动生成如下代码：

```
public class Dog extends Animal{
    public int age;
    public Dog(String name,int age) {
        super(name);
        this.age = age;
        this.type = "狗类";
    }
    public void working()
    {
System.out.println(this.type + this.name + this.age +"岁了,它在工作。");
    }
    @Override
    public void play()
    {
// 调用了父类 Animal 的 play() 方法
super.play();
System.out.println(this.name +" 正在和主人玩足球。");
    }
    @Override
    public void running() {
        // 此处编写 Dog 类的 running 方法实现
    }
}
```

　　抽象类本身就是抽象的,不能实例化(即创建对象)。因此,Animal 类是抽象类,不能创建 Animal 对象。

　　以下是抽象类的一些注意事项。

　　① 抽象类不能创建对象,只能创建其非抽象子类的对象。

　　② 抽象类一定有构造方法,而且必须有,以提供给子类创建对象,调用父类构造方法使用。

　　③ 抽象类中不一定包含抽象方法,但拥有抽象方法的类必须定义成抽象类。

　　④ 一个类继承了抽象类,必须重写完抽象类的所有抽象方法,否则该类只能定义为抽象类。

　　(2) 接口(interface)。

　　接口就是一个编程规范,类似于硬件上面的接口,如电脑的外接 USB 接口就类似于 Java 接口,只要是遵循 USB 接口规范的设备,无论是鼠标、U 盘还是移动硬盘,都能够通过 USB 接口实现其功能。

　　接口就是某个事物对外提供的一些功能的说明。还可以利用接口实现多态功能。同时,接口也弥补了 Java 单一继承的弱点,也就是类可以实现多个接口。

　　使用 interface 关键字定义接口,一般使用接口声明方法或常量,接口中的方法只能是声明,不能是具体的实现。这一点与抽象类是不一样的,接口是更高级别的抽象。

接口的定义格式与类的定义格式基本相同,将 class 关键字换成 interface 关键字,就定义了一个接口。接口的定义格式如下:

```
public interface 接口名称{
    // 可以定义常量
    // 可以定义公共的成员方法,没有方法体
    public void 方法名称();
    ……
}
```

类与接口之间不再是继承,而是实现关系,用 implements 关键字表示,实现类必须要实现接口中的所有方法。

下面通过一个例子来理解接口的应用。

实现笔记本电脑使用 USB 鼠标和 USB 键盘。

USB 接口包含打开设备和关闭设备的功能。鼠标类实现 USB 接口,并具备点击功能。键盘类实现 USB 接口,并具备输入功能。笔记本类包含使用 USB 设备的功能。

① USB. java。定义 USB 接口。

```java
public interface USB {
    void openDevice();
    void closeDevice();
}
```

② Mouse.java。实现 USB 接口,定义一个鼠标类。

```java
public class Mouse implements USB{
    @Override
    public void openDevice() {
System.out.println("打开鼠标");
    }
    @Override
    public void closeDevice() {
System.out.println("关闭鼠标");
    }
    public void click() {
    openDevice();
System.out.println("鼠标点击");
    closeDevice();
    }
}
```

③ KeyBoard.java。实现 USB 接口,定义一个键盘类。

```java
public class KeyBoard implements USB{
    @Override
    public void openDevice() {
System.out.println("打开键盘");
    }
    @Override
    public void closeDevice() {
System.out.println("关闭键盘");
    }
    public void input() {
        openDevice();
System.out.println("键盘输入");
        closeDevice();
    }
}
```

④ Computer.java。定义一个 Computer 类,判断接口用例。

```java
public class Computer {
// 定义电脑使用 USB 设备的方法,通过多态性,根据传入的 USB 设备的不同完成不同操作
public void useUsb(USB usb) {
        if(usb instanceof Mouse) {
            Mouse mouse = (Mouse)usb;
            mouse.click();
        } else if (usb instanceof KeyBoard) {
            KeyBoard keyboard = (KeyBoard)usb;
            keyboard.input();
        }
    }
}
```

⑤ 测试代码。

```
public class TestUSB {
    public static void main(String[] args) {
        Computer computer = new Computer();
        Mouse mouse = new Mouse();
        KeyBoard keyboard = new KeyBoard();
        computer.useUsb(mouse);
System.out.println("=========");
        computer.useUsb(keyboard);
    }
}
```

测试代码运行结果如 4.9 所示。

```
TestUSB
"D:\Program Files\Java\jdk1.8.0_202\bin\java.exe" ...
打开鼠标
鼠标点击
关闭鼠标
===============
打开键盘
键盘输入
关闭键盘
```

图 4.9　测试代码运行结果



可以看到，鼠标类和键盘类都实现了 USB 接口，也就认为它们都符合 USB 的接口规范。在 Computer 类中定义了 useUsb 方法，根据传入的对象不同，其执行的效果也不一样。

### 3.多态

多态是面向对象编程中的一个重要概念，它是指同一个对象在不同情况下具有不同的表现形式和功能。在 Java 中，多态是指同一个类型的对象，在不同的情况下可以表现出不同的行为。这种特性使得 Java 程序具有更好的可扩展性、可维护性和可重用性。

例如，狗和猫都是动物，动物都有吃这个共同行为，而狗可以表现为啃骨头，猫则可以表现为吃老鼠。这就是多态的表现，即同一件事情发生在不同对象的身上，就会产生不同的结果。

Java 中的多态性涉及两个主要概念：继承和方法重写。通过这两个概念，可以利用 Java 的多态性来实现一个简单但非常有用的设计模式 —— 开放 − 关闭原则。该设计模式原则的核心思想是一个软件实体应该对扩展开发，对修改关闭，即在不修改原有代码的前提下，通过增加新的功能来扩展程序的功能。

Java 中的多态性可以分为两种：编译时多态性和运行时多态性。

在编译时多态性中，编译器根据方法的声明类型来确定方法的调用方式；而在运行时多态性中，则是根据方法的实际类型来确定方法的调用方式，这种机制又称动态绑定或后期绑定。

下面通过动物、狗和猫的例子来理解多态的使用。以下是多态应用示例代码：

```java
class Animal {
    public void sound() {
System.out.println(" 动物在发声");
    }
}
class Dog extends Animal {
    public void sound() {
System.out.println(" 小狗在汪汪叫");
    }
}
class Cat extends Animal {
    public void sound() {
System.out.println(" 小猫在喵喵叫");
    }
}
public class Demo{
    public static void main(String[] args) {
        Animal animal = new Animal();
        Animal cat = new Cat();
        Animal dog = new Dog();
        animal.sound();
        cat.sound();
        dog.sound();
    }
}
```

在这个例子中，Animal 是一个父类，而 Cat 和 Dog 是它的子类。在 main 方法中创建了一个 Animal 对象、一个 Cat 对象和一个 Dog 对象，然后通过调用它们的 sound 方法来展示不同的行为。

由于 myCat 和 myDog 是 Animal 类型的引用，但是它们指向的是 Cat 和 Dog 对象，因此在调用 sound 方法时会表现出不同的行为，这就是多态的体现。

多态应用运行结果如图 4.10 所示。

129

demo ×

```
"D:\Program Files\Java\jdk1.8.0_202\bin\java.exe" ...
动物在发声
小猫在喵喵叫
小狗在汪汪叫

Process finished with exit code 0
```

图 4.10　多态应用运行结果

**任务训练**

（1）定义接口的关键字是什么，实现接口的关键字是什么？

（2）编写一个 Java 程序，实现圆、圆柱体、球体的定义，并实现计算并分别显示圆半径、圆面积、圆周长、圆柱体的体积、圆柱体侧面面积、球体体积。

# 任务 4.2　构建串口异常处理接口

**学习目标**

（1）理解异常的概念及 Java 常见异常类。

（2）掌握异常的处理方法。

（3）了解反射技术及应用。

**工作任务**

构建串口开发自定义异常 API 项目。

**课前预习**

（1）如何捕获异常？

（2）为什么要处理异常？

（3）反射技术目的是获取什么？

**相关知识**

在物联网应用运行过程中，串口通信的过程会涉及复杂的环境干扰，可能导致串口打开失败或数据传输异常的情况。程序中对串口管理工具进行封装后，可以直接在管理工具中对这类异常进行捕获并处理。但是调用串口管理工具的地方并不知道程序异常的原因。

为了既能够对程序进行分模块，又能够在各模块之间更加直观地体现导致程序异常的原因，可以采用 Java 的继承机制实现。

130

### 1. 异常介绍

异常就是程序在运行过程中所发生的非正常事件,有些可能会中断正在运行的程序,但并不是所有的非正常事件都是异常,而且有些是可以避免的,如用户输入非法数据、做除法运算时除数为 0、打开的文件不存在、网络中断、死递归、死循环导致栈溢出等。

异常介绍与
异常处理

如果不处理异常,将可能会导致软件异常中断、崩溃或退出,严重影响用户的使用和体验。如果合理地应用异常处理,将会减少软件出现的错误,可以友好地提示用户提升用户的体验。

通过下面的代码人工制造出异常,构造了一个除数为 0 错误代码:

```
public class demo {
    public static void main(String[] args) {
        int a = 2;
        int b = 0;
System.out.println("a/b =" + a/b);
    }
}
```

制造异常运行结果如图 4.11 所示。

```
demo ×
"D:\Program Files\Java\jdk1.8.0_202\bin\java.exe" ...
Exception in thread "main" java.lang.ArithmeticException Create breakpoint : / by zero
    at demo.main(demo.java:23)

Process finished with exit code 1
```

图 4.11　制造异常运行结果

可以看到,运行程序后执行报错,提示 java.lang.ArithmeticException 错误,产生的原因是做除法运算时,除数不能为 0。

下面通过图 4.12 说明异常类的继承关系。

Throwable 是异常体系的顶层类,其派生出两个重要的子类:Error 和 Exception。Error 和 Exception 分别表示错误和异常。

Error 定义了在通常环境下不希望被程序捕获的异常。Error 类型的异常用于 Java 运行时由系统显示与运行时系统本身有关的错误,属于程序中无法处理的错误,表示运行应用程序中出现了严重的错误。堆栈溢出是这种错误的一例。

Exception 类用于用户程序可能出现的异常情况,它也是用来创建自定义异常类型类的类,属于程序本身可以捕获并且可以处理的异常。Exception 这种异常又分为两类:运行时异常和编译时异常。

运行时异常是 RuntimeException 类及其子类异常,这些异常是编译时无法检查出的异常,Java 编译器不会检查它。也就是说,当程序中可能出现这类异常时,倘若既"没有通过 throws 声明抛出它",也"没有用 try — catch 语句捕获它",还是会编译通过,如

NullPointerException(空指针异常)、ArrayIndexOutOfBoundsException(数组越界异常)、ClassCastException(类型转换异常)、ArithmeticExecption(算术异常)。

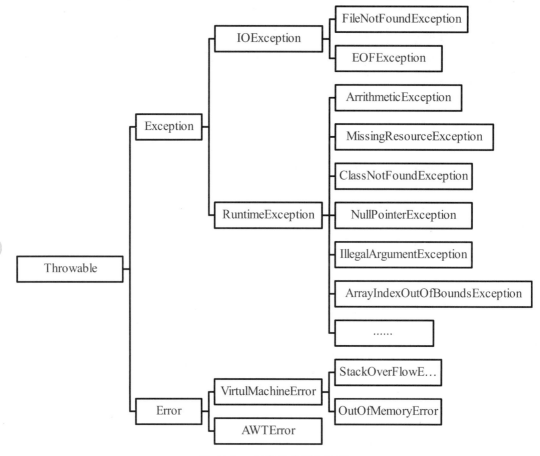

图 4.12　异常类的继承关系

除运行时异常外,还有编译时异常,其通称为编译异常,这类异常在 IDE 中一般都会标上红杠提示。Java 编译器会检查这类异常,如果程序中出现此类异常,如 ClassNotFoundException(没有找到指定的类异常)、IOException(IO 流异常),则要么通过 throws进行声明抛出,要么通过 try—catch进行捕获处理,否则不能通过编译。在程序中通常不会自定义该类异常,而是直接使用系统提供的异常类。必须手动在代码中添加捕获语句来处理该异常。

Java 编程过程中常用异常类及说明见表 4.1。

表 4.1　Java 编程过程中常用异常类及说明

| 异常类 | 说明 |
| --- | --- |
| ClassCastException | 类型转换异常 |
| ArrayIndexOutOfBoundsException | 数组越界异常 |
| NegativeArraySizeException | 指定数组维数为负值异常 |

续表4.1

| 异常类 | 说明 |
| --- | --- |
| ArithmeticException | 算数异常 |
| InternalException | Java 系统内部异常 |
| NullPointerException | 空指针异常 |
| IllegalAccessException | 类定义不明确所产生的异常 |
| IOException | 一般情况下不能完成 I/O 操作产生的异常 |
| EOFException | 打开文件没有数据可以读取的异常 |
| FileNotFoundException | 在文件系统中找不到文件路径或文件名称时的异常 |
| ClassNotFoundException | 找不到类或接口所产生的异常 |
| CloneNotSupportedException | 使用对象的 clone 方法但无法执行 Cloneable 所产生的异常 |

### 2. 异常的处理

Java 通过面向对象的方法进行异常处理,一旦方法抛出异常,系统自动根据该异常对象寻找合适异常处理器(exception handler)来处理该异常,把各种不同的异常进行分类,并提供良好的接口。

在 Java 中,每个异常都是一个对象,它是 Throwable 类或其子类的实例。当一个方法出现异常后,便抛出一个异常对象,该对象中包含有异常信息,调用这个对象的方法可以捕获到这个异常并可以对其进行处理。

在 Java 应用中,异常的处理机制分为抛出异常、捕获异常和声明异常。异常处理导图如图 4.13 所示。

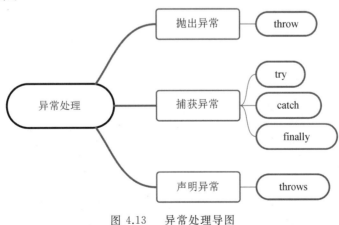

图 4.13　异常处理导图

Java 的异常处理是通过五个关键词来实现的:try、catch、throw、throws 和 finally。

①try。通常把可能出现问题的代码放到 try 块中。

②catch。如果 try 块中的代码在执行过程中真的出现了异常,则 catch 用来捕获这个异常,从而让系统恢复正常不至于崩溃;如果 try 块中没有出现异常,则 catch 块中的代码不会被执行。

③throw。程序员可以利用 throw 关键字来自己抛出一个异常,这在某些时候是非常有必要的。

④throws。throws 用在方法前,声明此方法可能会产生某种类型异常,它强制要求方法的调用者必须用 try — catch 来处理。

⑤finally。try 块或 catch 块的代码执行后,如果存在 finally 块,则必将执行此块中代码。

下面介绍一下异常处理的主要的几种结构。

(1) try — catch 结构。

try 和 catch 是 Java 异常处理中最常用的关键字,通常需要配合使用,称之为 try — catch 块。在具体使用时,需要把可能会出现异常的代码放到 try 语句块中,并用 catch 语句块捕捉异常。

具体使用格式如下:

```
try {
    // 可能出现异常的代码块
}
catch (Exception e){  //  捕捉一个可能存在的异常类
    // 处理异常的代码块
}
```

例如,把最开始的程序修改一下,捕捉除 0 异常:

```
public class demo {
    public static void main(String[] args) {
        int a = 2;
        int b = 0;
        try {
System.out.println("a/b = " + a/b);
System.out.println("try 代码块执行了");
        }
        catch (ArithmeticException e){
System.out.println(" 出现了除 0 异常! ");
        }
    }
}
```

在 try 代码块中尝试 a/b,但是在 catch 代码块中捕捉了 ArithmeticException 类型的异常,如果捕捉到了异常,则输出"出现了除 0 异常! ",如图 4.14 所示。

```
demo ×
"D:\Program Files\Java\jdk1.8.0_202\bin\java.exe" ...
出现了除0异常!


Process finished with exit code 0
```

图 4.14　捕获了异常,程序未崩溃

从上面的运行结果中可以看到,程序没有因为异常而崩溃中断,同时并没有输出"try 代码块执行了",当 try 代码块并没有真正运行而实尝试运行时发现了异常,就交给 catch 代码块进行处理。

（2）多重 catch。

当 try 代码块中可能出现多种不同类型的异常时,可以采用多重 catch 代码块结构。当异常出现时,程序将终止执行,交由异常处理程序（抛出提醒或记录日志等）,异常代码块外代码正常执行。 try 会抛出很多种类型的异常,由多个 catch 块捕获多钟错误。

多重异常处理代码块顺序问题:先子类再父类（顺序不对编译器会提醒错误）,finally 语句块处理最终将要执行的代码。

具体使用格式如下:

```
try {
    // 可能出现异常的代码块
}
catch (ArithmeticException e){
    // 处理 ArithmeticException 异常的代码块
}
catch (NullPointerException e){
    // 处理 NullPointerException 异常的代码块
}
catch (OutOfMemoryError e){
    // 处理 OutOfMemoryError 异常的代码块
}
……
```

（3）finally 代码块。

finally 代码块放在所有 catch 代码块的最后位置。无论有没有出现异常,在执行完 try 或 catch 代码块后,最后都一定要执行的代码块。finally 代码块一般用于关闭打开的文件,关闭数据库连接、关闭网络连接等操作。例如,以下代码中加入了 finally 代码块:

```
public class demo {
    public static void main(String[] args) {
        int a = 2;
        int b = 0;
        try {
System.out.println("a/b =" + a/b);
System.out.println("try 代码块执行了");
        }
        catch (ArithmeticException e){
System.out.println(" 出现了除 0 异常！");
        }
        finally {
System.out.println(" 不管有没有出现异常，都要执行 finally 的代码块");
        }
    }
}
```

加入 finally 代码块运行结果如图 4.15 所示。

```
demo ×
"D:\Program Files\Java\jdk1.8.0_202\bin\java.exe" ...
出现了除0异常！
不管有没有出现异常，都要执行finally的代码块

Process finished with exit code 0
```

图 4.15　加入 finally 代码块运行结果

(4)throw 和 throws 关键字。

通常，应该捕获那些知道如何处理的异常，将不知道如何处理的异常继续传递下去。传递异常可以在方法声明处使用 throws 关键字声明可能会抛出的异常，也可以在程序某个位置直接通过 throw 关键字抛出相应的异常。

如果一个方法可能会出现异常，但没有能力或本身不愿意处理这个异常，可以在方法声明处用 throws 来声明抛出异常。例如，以下代码中，在方法声明后位置通过关键字 throws 抛出 IOException 异常：

```
//   此处如果遇到 IO 异常,则自己不处理,而是抛出给调用该方法的代码处理
private void readFile(String filePath) throws IOException {
    File file = new File(filePath);
    String result;
    BufferedReader reader = new BufferedReader(new FileReader(file));
    while((result = reader.readLine())! = null) {
System.out.println(result);
    }
    reader.close();
}
```

throws 后面跟的是异常类,可以有一个,也可以有多个,多个异常类用多个逗号隔开。

需要特别注意的是,如果进行了声明,但调用者没有进行异常处理,是无法编译通过的。

有时会从 catch 中抛出一个异常,目的是改变异常的类型,多用于在多系统集成时,当某个子系统故障时,异常类型可能有多种,可以用统一的异常类型向外暴露,不需暴露太多内部异常细节。

例如,下面的代码中,如果捕获到了 IOException 异常,则通过 throw 关键字抛出自定义的异常:

```
private static void readFile(String filePath) throws MyException {
    try {
// try 代码块(略)
} catch (IOException e) {
        MyException ex = new MyException("读取文件失败");
        ex.initCause(e);
        throw ex;    //   将该异常抛出给调用者处理
    }
}
```

### 3. 自定义异常类

前面的常见异常类都是 Java 自带的异常类。而通过继承 Throwable 类或它的子类 Exception 的 Java 类属于自定义异常类。

```
public class MyException extends Exception {
    MyException(){
        super();
        ……// 其他语句
    }
}
```

自定义异常类使用步骤如下。

① 创建自定义异常类。

② 在相关方法中,通过关键字 throw 抛出异常对象。

③ 如果在当前方法中对抛出的异常对象进行捕获及处理,可以使用 try－catch 语句块捕获抛出异常对象并且处理,否则要在方法的声明处通过 throws 关键字指明要抛出给方法调用者的异常。

④ 在出现异常方法的调用者中捕获并处理异常。

例如,下面为定义的自定义异常类 MyException 示例代码:

```java
// 定义自定义异常类
class MyException extends Exception{
    Stringmsg;
    public MyException(String ErrorMsg){
        this.msg = ErrorMessage;
    }
    @Override
    public String getMessage() {
        returnmsg;
    }
}
public class TestMyException {
    static int division(int x,int y) throws Exception{
        if(y < 0){
            throw  new MyException("除数不能是负数");
        }
        return x/y;
    }
    public static void main(String[] args) {
        int x = 3, y = -1;
        try {
            int result = division(a,b);
System.out.println(result);
        }catch (MyException e){
            //   如果违反了自定义的除数不能为负数的规定
System.out.println(e.getMessage());
        }catch (ArithmeticException e) {
// 触发 ArithmeticException 类异常
System.out.println("除数不能为 0");
        }catch (Exception e){
System.out.println("其他的异常");
        }
    }
}
```

### 4. 反射技术

反射技术

反射（reflection）是 Java 的特征之一，它允许运行中的 Java 程序获取自身类的信息，即类的完整结构信息，并且可以操作类或对象的内部属性。

Java 的反射机制是指在程序的运行中，可以获取任意一个对象所属的类（class），可以构造任意一个类的对象（constructor），可以了解任意一个类的成员变量和成员方法，可以调用任意一个对象的属性和方法。这种动态获取程序信息及动态调用对象的功能称为 Java 语言的反射机制。

反射的核心是 JVM 在运行时才动态加载类或调用方法，或访问属性，它不需要事先（写代码时或编译期）知道运行对象是谁。

当在编译时无法预知对象的类型到底属于哪些类时，只能依靠运行时的动态信息来获取对象和类的实时信息，此时就需要用到反射技术了，通过反射技术拿到动态的对象，从而对对象进行操作。

（1）反射的入口 Class 类。

实际上，创建的每一个类都是对象，即类本身是 java.lang.Class 类的实例对象。这个实例对象称为类对象，也就是 Class 对象。Class 对象又是什么对象呢？

先来看一个对象创建的流程。通过 new 关键字，创建一个学生对象：

```
Student liu = new Student();
```

程序编译运行后，该 JVM 内部的实现过程如下。

① 将编译好的 Person.class 字节码文件加载进内存。

② 执行 main 方法时，在栈内存中分配了一个变量 liu。

③ 执行 new，在堆内存中开辟一个结构信息为 Person 类的空间，并给其分配内存首地址值。

④ 调用 Student 类对应的构造函数，在上一步开辟的空间中进行成员变量的初始化。

⑤ 将 Student 类的首地址赋值给变量 liu，因此变量 liu 就代表了 Student 类的一个内存实体。

① 中具体分为三个步骤：加载、连接、初始化。其中，加载阶段是指将类对应的.class 文件中的二进制字节流读入到内存中，将这个字节流转化为方法区的运行时数据结构，然后在堆区创建一个 java.lang.Class 对象，作为对方法区中这些数据的访问入口。

通过类的加载、连接、初始化，可以获得一个类的对象，即 java.lang.Class 对象，从而可以使用该对象的成员变量、方法等。

可以发现，Class 也是类，是一种特殊的类，将定义普通类的共同部分进行抽象，Class 类就像普通类的模板一样，用来保存"类所有相关信息"的类，可以保存类的属性、方法、构造方法，类名，包名，父类，注解等与类相关的其他信息。

因此，关键在于如何拿到这个 Class 对象。主要有以下三种方式。

① 使用 Class 类的 forName("包名.类名") 方法获取。

② 调用某个类的 class 属性获取。

③ 调用某个类的 getClass() 方法获取。

下面通过一个例子来学习获取 Class 对象。

① Student.java 文件。准备好 Student 类。

```java
package reflect;
public class Student {
    public String stuName;
    public int stuNumber;
    public Student(){   }
    public Student(String name,int number)
    {
        this.stuName = name;
        this.stuNumber = number;
    }
    public String getStuName() {
        return stuName;
    }
    public void setStuName(String stuName) {
        this.stuName = stuName;
    }
    public int getStuNumber() {
        return stuNumber;
    }
    public void setStuNumber(int stuNumber) {
        this.stuNumber = stuNumber;
    }
    public void print()
    {
System.out.println(" 姓名:"＋this.stuName＋",学号:"＋this.stuNumber);
    }
}
```

② demo.java 文件。三种方法获取 Class 对象。

```
package reflect;
public class demo {
    public static void main(String[] args) {
// 方法 1:使用 Class 类的 forName(" 包名.类名") 方法获取
Class cls = null;
        try {
                cls = Class.forName("reflect.Student");
System.out.println(" 通过 Class.forName 方法获取的 Class 对象:" + cls);
        }
            catch (ClassNotFoundException e)
            {
System.out.println(e.getMessage());
            }
// 方法 2:调用某个类的 class 属性获取
cls = Student.class;
System.out.println(" 通过 Student.class 属性获取的 Class 对象:" + cls);
// 方法 3:调用某个类的 getClass() 方法获取
Student student = new Student(" 小王",20230101);
        cls = student.getClass();
System.out.println(" 通过调用 student 对象的 getClass() 方法获取获取的 Class 对象:" + cls);
    }
}
```

（2）通过 Class 对象获取类成员。

拿到类的 Class 对象后,就可以通过该对象获取类的构造方法、成员变量和成员方法。常用的 class 对象成员方法见表 4.2。

表 4.2　常用的 Class 对象成员方法

| Class 方法名 | 方法介绍 |
| --- | --- |
| getConstructors() | 得到一个类中的全部构造方法 |
| getDeclaredFields() | 得到一个类的父类的全部属性 |
| getFields() | 得到一个类中的全部属性 |
| getMethods() | 得到一个类中的全部方法 |
| getMethod(方法名,该方法的各个参数 Class 对象) | 得到一个指定的方法 |
| getInterfaces() | 得到一个类实现的全部接口 |
| getName() | 得到一个类完整的"包名.类名"的名称 |
| getPackage() | 得到一个类的包,返回类型是 Package |
| getSuperclass() | 得到一个类的父类 |
| newInstance() | 根据 Class 定义的类实例化对象 |
| isArray() | 判断此 Class 是否为一个数组 |

以下是利用反射技术对 Student 类处理的反射应用案例代码：

```java
package reflect;
import java.lang.reflect.Constructor;
import java.lang.reflect.Field;
import java.lang.reflect.InvocationTargetException;
import java.lang.reflect.Method;
public class demo2 {
    public static  void  testConstructor() throws
InvocationTargetException,
InstantiationException,
IllegalAccessException,
NoSuchMethodException
{
        Class cls = Student.class;
// 获取 Student 的所有构造函数
Constructor[] constructors = cls.getConstructors();
// 获取 Student 的指定带参数的构造函数
Constructor constructor = cls.getDeclaredConstructor(String.class,int.class);
        Student stu = (Student) constructors[1].newInstance(" 小王",20230101);
        stu.print();
    }
    public static  void testMemberMethod() throws
NoSuchMethodException,
InvocationTargetException,
IllegalAccessException
{
        Class cls = Student.class;
// 获取 Student 的所有 public 方法
Method[] methods = cls.getMethods();
        for(Method m :methods)
        {
System.out.println(m);
        }
// 获取特定的 public 成员方法,其中"print" 为 Student 类的 print 方法
Method printMethod = cls.getMethod("print");
// 若使用 cls.getDeclaredMethod(),则可以访问指定的任意成员方法,不受访问修饰符限制
}
    public static void testMemberField() throws NoSuchFieldException {
        Class cls = Student.class;
// 获取所有的 public 成员属性
```

```
for(Field field : cls.getFields())
    {
System.out.println(field);
    }
        Field field2 =    cls.getDeclaredField("stuName");
System.out.println(" 获取到的成员属性:"+field2);
    }
    public static void main(String[] args) throws
InvocationTargetException,
NoSuchMethodException,
IllegalAccessException,
InstantiationException,
NoSuchFieldException
{
testConstructor();
testMemberMethod();
testMemberField();
    }
}
```

### 5. 构建串口开发自定义异常 API

构建串口开
发自定义异
常 API

【任务分析】

① 自定义异常类继承 Exception。

② 为自定义异常类添加带参构造函数。

③ 在需要处理异常的方法中捕获异常,并在不同的异常捕获块 catch 中抛出自定义异常。

④ 通过 throws 关键字抛出自定义异常的方法声明异常。

【编码实现】

(1) 创建工程 IoTSerialPort2。

(2) 工程的根目录下创建 lib 文件夹,将开源串口工具包 RXTXcomm.jar 放入文件夹中,并添加为库文件。把 rxtxSerial.dll 复制到 jdk 安装目录下的 jre\\bin 目录下(图 4.16,图 4.17,图 4.18)。

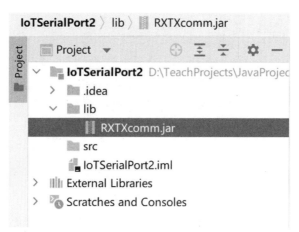

图 4.16　复制库文件

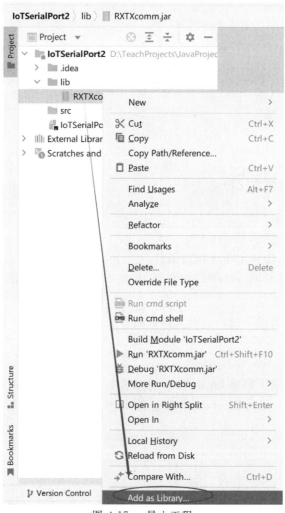

图 4.17　导入工程

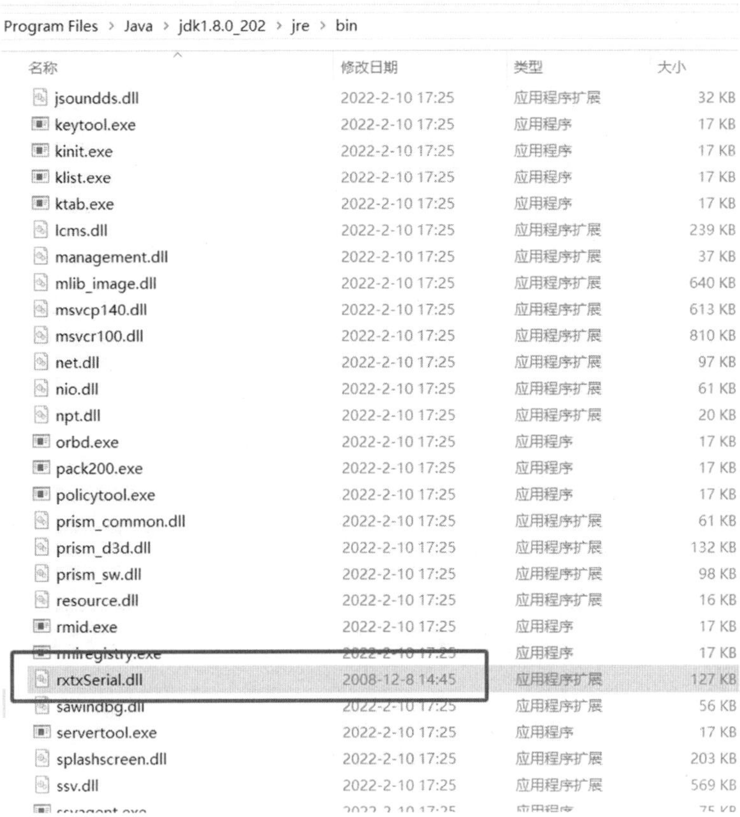

图 4.18　rxtxSerial.dll 复制到 jre\\bin 目录下

（3）在类根目录 src 目录下创建 MyException 包，在包里添加名为
SerialPortException 的类，定义自定义异常类。

```
package myexception;
public class SerialPortException extends Exception{
    public SerialPortException(String ExceptionMsg)
    {
        super(ExceptionMsg);
System.out.println("出现异常："+ExceptionMsg);
    }
}
```

（4）在类根目录 src 目录下创建 PortManager 包，在包里添加 MySerialPort 类，类中
添加 openPort 方法，实现在 openPort 方法中捕捉异常。

```
package PortManager;
import MyException.SerialPortException;
import gnu.io. * ;
public class MySerialPort {
//   打开名为 portName 的端口,设置波特率为 baudrate
public SerialPort openPort(String portName,int baudrate) throws SerialPortException {
        String errorMsg ="";
        SerialPort serialPort = null;
        try {
// 识别电脑端口标识
CommPortIdentifier identifier = CommPortIdentifier.getPortIdentifier(portName);
// 打开串口,设置 5 000 ms 超时时间
CommPort port = identifier.open(portName,5000);
// 判断打开的是否为串口
if(port instanceof SerialPort)
            {
                serialPort = (SerialPort) port;
//   初始化串口参数
serialPort.setSerialPortParams(
                        baudrate,
                        SerialPort.DATABITS_8,
                        SerialPort.STOPBITS_1,
                        SerialPort.PARITY_NONE);
System.out.println(" 串口"＋portName＋" 已打开");
                return serialPort;
            }
            else
                errorMsg =" 当前打开的非串口类型,请选择正确的串口名称";
        }
        catch (PortInUseException e){
            errorMsg =" 当前打开的串口已被占用,请检查! ";
        }
        catch (NoSuchPortException e) {
            errorMsg = " 当前打开的串口不存在,请检查! ";
        }
        catch (UnsupportedCommOperationException e){
            errorMsg = " 当前打开操作不支持! ";
        }
// 通过关键字 throw 抛出自定义异常
throw new SerialPortException(errorMsg);
    }
}
```

146

（5）添加测试主函数。

写入不存在的串口名，人为制造异常。

```java
import MyException.SerialPortException;
import PortManager.MySerialPort;
public class demo {
    public static void main(String[] args) {
        MySerialPort mySerialPort = new MySerialPort();
        try {
            mySerialPort.openPort("COM333",9600);
        }
        catch (SerialPortException e)
        {
            e.printStackTrace();
        }
    }
}
```

（6）由于"COM333"不存在，因此程序捕获到了自定义的异常处理消息，捕获自定义的异常处理消息运行结果如图 4.19 所示。

```
demo ×
"D:\Program Files\Java\jdk1.8.0_202\bin\java.exe" ...
出现异常：当前打开的串口不存在，请检查！
MyException.SerialPortException Create breakpoint : 当前打开的串口不存在，请检查！
    at PortManager.MySerialPort.openPort(MySerialPort.java:45)
    at demo.main(demo.java:8)

Process finished with exit code 0
```

图 4.19　捕获自定义的异常处理消息运行结果

## 任务训练

（1）以下关于异常的代码的执行结果是（　　　）。

```java
public class Test {
    public static void main(String args[]) {
        try {
            System.out.print("try");
            return;
        } catch(Exception e){
            System.out.print("catch");
```

147

```
        }finally {
            System.out.print("finally");
        }
    }
}
```

A. try catch finally          B. catch finally

C. try finally          D. try

（2）在异常处理中,释放资源、关闭文件等由（    ）来完成。

A. try 子句          B. catch 子句

C. finally 子句          D. throw 子句

# 项目 5　认识 Java 常用类

## 任务 5.1　生成传感器命令

（1）掌握 String 类、StringBuffer 类、包装类及其常用方法。

（2）掌握传感器命令的生成方法。

将一个十六进制的命令转换成字节数组。

（1）下列操作可以获取字符串的长度的是（　　　）。

A. str.equals("end")　　　　　　　B. str.compareTo("end")

C. str.length()　　　　　　　　　　D. str.charAt(0)

（2）在一个字符串中查找另一个字符串的位置的方式是（　　　）。

A. str.indexOf("find")

B. str.contains("find")

C. str.regionMatches(true,0,"find",0,5)

D. str.equals("find")

（3）可以将一个字符串中的所有大写字母转换为小写字母的是（　　　）。

A. str.toLowerCase()　　　　　　　B. str.toUpperCase()

C. str.replaceAll()　　　　　　　　D. str.charAt()

（4）将一个字符串分割成多个子字符串，每个子字符串由指定的分隔符分隔的是（　　　）。

A. str.split("")

B. str.substring(str).split(",")

C. Arrays.toString(str).split(",")

D. 使用 StringTokenizer 类

（5）Java 提供名为(　　)的包装类来包装基本数据类型 int。

A. Integer　　　　B. Double　　　　C. String　　　　D. Char

**相关知识**

String 类及
其常用方法

### 1. String 类及其常用方法

（1）String 类的对象的创建。

可以按照创建类的对象的一般方法来创建 String 类的对象：

```
String string = new String();
```

也可以直接在创建对象时指定字符串内容：

```
String string1 = "Hello World";   //string1 字符串内容为"Hello World"
String string2 = "";   //string2 字符串内容为空
```

（2）String 类的 length() 方法。

String 类中的 length() 方法将返回字符串对象的长度，代码如下：

```
String string = "abc123";
int len = string.length();
System.out.println(len)
```

运行上述代码，执行结果为 6。

（3）String 类的 compareTo() 方法。

String 类中的 compareTo() 方法将返回两个字符串对象的比较结果。若相等，则返回 0；若不相等，则从两个字符串第 1 个字符开始比较，返回第一个不相等的字符串。另一种情况是较长字符串的前面部分恰巧是较短的字符串，返回它们的长度差。

```
String s1 = "abc";
String s2 = "abcd";
String s3 = "abcdfg";
String s4 = "1bcdfg";
String s5 = "cdfg";
System.out.println( s1.compareTo(s2) ); //－1（前面相等，s1 长度小 1）
System.out.println( s1.compareTo(s3) ); //－3（前面相等，s1 长度小 3）
System.out.println( s1.compareTo(s4) ); // 48（"a" 的 ASCII 码是 97，"1" 的的 ASCII 码是 49，所以返回 48）
System.out.println( s1.compareTo(s5) ); //－2（"a" 的 ASCII 码是 97，"c" 的 ASCII 码是 99，所以返回－2）
```

（4）substring() 方法与 indexOf() 方法的使用。

```
String.substring(int start, int end)
```

其中，start 为开始位置索引；end 为结束位置索引。方法将返回一个字符串，内容为原字符串从 start 位置开始到 end 位置结束中间的字符串。end 参数如果省略，则表示到该字符串的结尾。

substring 的第一种使用方法代码如下：

```java
String str = "hello world! ";
System.out.println(str.substring(1));
System.out.println(str.substring(4));
System.out.println(str.substring(8));
```

执行以上代码，结果如下：

```
ello world!
o world!
rld!
```

substring 的第二种使用方法代码如下：

```java
String str = "hello world! ";
System.out.println(str.substring(0, 3));
System.out.println(str.substring(4, 8));
System.out.println(str.substring(1, 6));
```

执行以上代码，结果如下：

```
hel
o wo
ello
```

indexOf() 方法用于在 String 类的对象中查找子字符串，方法返回一个整数值，为子字符串的开始位置。如果存在多个子字符串，则返回数值最小的整数值。如果没有找到子字符串，则返回 −1。

```java
String str = "abcabc";
System.out.println(str.indexOf("a"));    // 结果为0,为字符"a" 第一次出现的位置
System.out.println(str.indexOf("h"));    // 结果为−1,没有找到字符"h"
```

（5）String 类的 equal() 方法。

在 Java 中如果要判断两个基础数据类型是否相等，使用的是双等号。例如，1 是否等于 1，使用的就是 1＝＝1。而判断字符串是否相等，需要使用 equals 方法，这是因为每个字符串都可能会有不同的内存地址，而＝＝判断的是内存地址是否一致。而有很多情况，两个字符串的内存地址是不同的，但是字符串的值都是一致的，这时使用＝＝就不能准确地验证它们是否相等了。

```java
String str1 = new String("ZigBee");
String str2 = new String("ZigBee");
System.out.println(str1 == str2);
System.out.println(str1.equals(str2));
```

---

```
HelloWorld!
```

（4）reverse（）方法。

reverse（）方法把当前字符序列反转后返回，示例如下：

```
StringBufferstrBuf = new StringBuffer("abcd");
System.out.println(stringBuffer.reverse());
```

执行以上代码，结果如下：

```
dcba
```

（5）StringBuffer 对象与 String 对象互转。

StringBuffer 和 String 属于不同的类型，不能直接进行强制类型转换，下面的代码是错误的：

```
StringBuffer s = "abc";   // 赋值类型不匹配
StringBuffer s = (StringBuffer)"abc";   // 不存在继承关系，无法进行强转
```

正确的对象之间互转代码如下：

```
String str1 = "Hello World! ";
StringBufferstrBuf = new StringBuffer(str1 );   //String 转换为 StringBuffer
Stringstr2 = strBuf.toString();   //StringBuffer 转换为 String
```

包装类及其
常用方法

### 3. 包装类

（1）基本数据类型与包装类之间的转换。

在 Java 中，八大基础数据类型（int、float、double 等）是不具备对象的特征的。基本数据类型不能调用方法，功能简单。为了让基本数据类型也具备对象的特征，就有了 Java 包装类。

基础数据类型是没有属性的，也是不能调用方法的。例如：

```
int i = 10;
i.toString();
```

使用这段代码就会出错。

但是在开发过程中肯定会遇到将基本数据类型转换为 String 类型或其他数据类型的情况，这时如果要用基础数据类型实现这些转换就会非常麻烦，所以 Java 就有了基本数据类型的包装类。包装类就是将基本数据类型包装成对象，使其具有对象的属性和方法，这样就可以使用方法和属性。

怎么使用包装类？首先来看如何定义包装类。例如，定义一个 int 类型的包装类：

```
Integer i1 = new Integer(100);   // 定义一个值为 100 的整型包装类
Integer i2 = 100;
```

上面两种方式都可以定义整型类型的包装类。

数据变成了包装类之后,要怎么使用数据呢? 很简单,将包装类转换成基本数据类型就可以了。

```
Integer i1 = new Integer(100);
int value = i1;// 方法 1
int value2 = i1.intValue();// 方法 2
```

经过上述步骤就可以将包装类转换成基本数据类型了。这两个例子分别展示了如何将 int 类型转换成包装类和如何将包装类转换成 int 类型。一般将"基本数据类型转换成包装类"的过程称为装箱,将"包装类转换成基本数据类型"的过程称为拆箱。

装箱可以分为手动装箱和自动装箱。拆箱也可以分为手动拆箱和自动拆箱。

这里所举的例子都是使用 int 类型,其他数据类型和 int 类型的包装类切换方式没有什么区别,所以关于其他数据类型,只需要知道它们对应的包装类名是什么即可。基本数据类型与其对应的包装类见表 5.1。

表 5.1　基本数据类型与其对应的包装类

| 基本数据类型 | 对应的包装类 |
| --- | --- |
| byte | Byte |
| short | Short |
| int | Integer |
| long | Long |
| float | Float |
| double | Double |
| char | Character |
| boolean | Boolean |

（2）包装类转换成其他数据类型。

```
Integer i = new Integer(10);
// 转换成 double 类型
double d = i.doubleValue();
System.out.println("d 的值:" + d);
// 转换成 float 类型
float f = i.floatValue();
System.out.println("f 的值" + f);
```

（3）包装类与字符串之间的转换。

在开发中会经常会遇到将基本数据类型转换成字符串的场景。如何进行转换呢?

总共有三种方式:使用包装类的 toString() 方法;使用 String 类的 valueOf() 方法;使用一个空字符串加上基本类型。

```
// 将基本类型转换为字符串
int i = 100;
String str1 = Integer.toString(i);// 方法一
String str2 = String.valueOf(i);// 方法二
String str3 = i+"";// 方法三
```

将字符串转换成基本数据类型,先来看如下的代码:

```
String a ="12";
int b = 23;
System.out.println(a + b);
```

这段代码输出的结果应该是1223。若想输出35,应先将a转换成int类型,再进行相加。

将字符串转换成基本数据类型有两种方式:调用包装类的parseXXX()方法;调用包装类的valueOf()方法转换为基本数据类型的包装类。

```
// 将字符串转换为基本类型
String mystr ="100";
int i = Integer.parseInt(mystr);// 方法一
int j = Integer.valueOf(mystr);// 方法二
```

### 任务实施

从串口或传感器获取的 byte 数组需要转换成 16 进制,其具体实现方法如下。
byte 数组转换成 16 进制代码如下:

```
public static String bytes_To_Hex(byte[] bytes) {
    StringBuffer mystr_buffer = new StringBuffer();
    for (int i = 0; i < bytes.length; i++) {
        String my_hex = Integer.toHexString(bytes[i] & 0xFF);
        mystr_buffer.append(my_hex);
    }
    return mystr_buffer.toString();
}
```

当向串口或传感器发送指令时,需要将十六进制的指令转换成字节数组,其具体实现方法如下:

```
public static byte[] Hex_to_Bytes(String ml_str) {
    int len = ml_str.length();
    byte[] my_data = new byte[len / 2];
        for (int i = 0; i < len; i += 2) {
        my_data[i / 2] = (byte) ((Character.digit(ml_str.charAt(i), 16) << 4)
                        + Character.digit(ml_str.charAt(i + 1), 16));
        }
    return my_data;
}
```

### 任务训练

（1）将十六进制命令"9F6D"转换成字节数组。

（2）编写一个函数，将输入的字符串反转过来。

### 拓展知识

Object 类是 Java 中所有类的父类，处于最顶层。因此，在 Java 中，所有的类默认都继承自 Object 类。同时，Java 中的所有类对象，包括数组，也都要实现这个类中的方法。

可以说，任何一个没有显式地继承别的父类的类都会直接继承 Object，否则就是间接地继承 Object，并且任何一个类都会享有 Object 提供的方法。

Object 提供的常用方法如下。

（1）getClass()。

getClass() 用于反射机制中获取对象，返回 Class 类型。

getClass() 的使用方法代码如下：

```
package org.example;
public class Main {
    public static void main(String[] args) {
        User user = new User();
        Class<? extends User> userClass = user.getClass();
        System.out.println(userClass);
    }
}
```

打印结果如下：

```
class org.example.User
```

（2）hashCode()。

hashCode 是一种编码方式。在 Java 中，每个对象都会有一个 hashcode，Java 可以通过这个 hashcode 来识别一个对象。返回值是 int 类型的散列码。

hashCode() 的使用方法代码如下：

```
package org.example;
public class Main {
    public static void main(String[] args) {
        User user = new User();
        int userHashCode = user.hashCode();
        System.out.println(userHashCode);
        }
    }
```

打印结果如下：

```
22307196
```

（3）equals(Object obj)。

equals(Object obj) 用于比较对象是否相等，可通过重写 equals() 获取不同效果，返回布尔类型的值。

equals() 的使用方法代码如下：

```
package org.example;
public class Main {
    public static void main(String[] args) {
        String str1 = "aaa", str2 = "bbb";
        boolean equals = str1.equals(str2);
        System.out.println(equals);
        }
    }
```

打印结果如下：

```
false
```

（4）toString()。

toString() 的返回值是 String 类型，返回类名和它的引用地址。可以通过重写 toString()，在打印对象时获得理想的格式。

toString() 的使用方法代码如下：

```
package org.example;
public class User {
    @Override
    public String toString() {
        return "this is User";
    }
}
    package org.example;
public class Main {
    public static void main(String[] args) {
        User a = new User();
        System.out.println(a);
        System.out.println(a.toString());
    }
}
```

打印结果如下：

```
this is User
this is User
```

# 任务 5.2　用户信息验证

## 学习目标

（1）掌握 Random 类、Date 类、SimpleDateFormat 类、Math 类及其常用方法。

（2）掌握用户注册信息的判断。

## 工作任务

编写函数，实现对用户注册信息的判断。

## 课前预习

（1）下面关于 java.util.Random 类中方法说明错误的是（　　）。

A. nextDouble() 方法返回的是 0.0 与 1.0 之间 double 类型的值

B. nextFloat() 方法返回的是 0.0 与 1.0 之间 float 类型的值

C. nextInt(intn) 返回的是 0（包括）与指定值 $n$（不包括）之间的值

D. nextInt() 返回的是 0（包括）与 2 147 483 647 之间的值

（2）下列是 Math 类中的一些常用方法，其中用于获取大于等于 0.0 且小于 1.0 的随机数的方法是（　　）。

A. random()　　　B. abs()　　　　　C. sin()　　　　　　D. pow()

（3）下列是 Random 类的一些常用方法，其中能获得指定范围随机数的方法是（　　）。

A. nextInt()　　　B. nextLong()　　　C. nextBoolean()　D. nextInt(int n)

（4）下列选项中，对 Math.random() 方法描述正确的是（　　）。

A. 返回一个不确定的整数

B. 返回 0 或 1

C. 返回一个随机的 double 类型数，该数大于等于 0.0 小于 1.0

D. 返回一个随机的 int 类型数，该数大于等于 0.0 小于 1.0

**相关知识**

常用类及其
方法

### 1. 常用类

（1）Random 类。

Random 类位于 java.util 包下。Random 类中实现的随机算法是伪随机，也就是有规则的随机。在进行随机时，随机算法的起源数字称为种子数（seed），在种子数的基础上进行一定的变换，从而产生需要的随机数字。

相同种子数的 Random 对象，相同次数生成的随机数字是完全相同的。也就是说，两个种子数相同的 Random 对象，第一次生成的随机数字完全相同，第二次生成的随机数字也完全相同，这点在生成多个随机数字时需要特别注意。

Random 类包含以下两个构造方法。

> public Random()

该构造方法使用一个和当前系统时间对应的相对时间有关的数字作为种子数，然后使用这个种子数构造 Random 对象。

> public Random(long seed)

该构造方法可以通过制定一个种子数进行创建。

示例代码如下：

```
Random r = new Random();
Random r1 = new Random(10);
```

再次强调：种子数只是随机算法的起源数字，与生成的随机数字的区间无关。

验证：相同种子数的 Random 对象，相同次数生成的随机数字是完全相同的。

相同种子数的 Random 测试代码如下：

```
import java.util.Random；
public class RandomTest {
public static void  myrandom() {
int m = 0；
        int n = 0；
        Random r = new Random(10)；
        Random r1 = new Random(10)；
        m = r.nextInt()；
        n = r1.nextInt()；
        System.out.println("m:" + m + "\\nn:" + n)；
    }
    public static void main(String[] args) {
myrandom()；
    }
}
```

输出结果如下：

m：— 1157793070
n：— 1157793070

修改一下起源数字，让其等于 100，代码如下：

Random r = new Random(100)；
Random r1 = new Random(100)；

输出结果如下：

m：— 1193959466
n：— 1193959466

（2）Random 类中的常用方法。

Random 类中的方法比较简单，每个方法的功能也很容易理解。需要说明的是，Random 类中各方法生成的随机数字都是均匀分布的，也就是说，区间内部的数字生成的概率是均等的。下面对这些方法做基本的介绍。

Random 类常用方法示例代码如下：

```
import java.util.Random;
public class Mymain {
public static void main(String[] args) {
        Random random = new Random();
        System.out.println("nextInt():" + random.nextInt()); // 随机生成一个整数,这个整
数的范围就是 int 类型的范围 - 2^31 ~ 2^31 - 1
        System.out.println("nextInt(n):" + random.nextInt(10)); // 随机生成一个[0,10)的
整数
        System.out.println("nextLong():" + random.nextLong()); // 随机生成 long 类型范
围的整数
        System.out.println("nextFloat():" + random.nextFloat()); // 随机生成[0,1.0)区间
的小数
        System.out.println("nextFloat(0 - 6) * 6:" + random.nextFloat() * 6); // 随机生成
[0,6.0)区间的小数
    System.out.println("nextFloat(2 - 6.5) * 6:" + random.nextFloat() * 4.5 + 2); // 随机生成[2,
6.5)区间的小数
        System.out.println("nextDouble():" + random.nextDouble()); // 随机生成[0,1.0)
区间的小数
        System.out.println("nextBoolean():" + random.nextBoolean());// 随机生成一个
boolean 值,生成 true 和 false 的值概率相等,也就是都是 50% 的概率
    }
    }
```

（3）Date 类和 SimpleDateFormat 类的用法。

java.util 包提供了 Date 类来封装当前的日期和时间。Date 类提供两个构造函数来实例化 Date 对象。第一个构造函数使用当前日期和时间来初始化对象：

```
Date( )
```

第二个构造函数接收一个参数,该参数是从 1970 年 1 月 1 日起的毫秒数：

```
Date(long millisec)
```

Java 中获取当前日期和时间很简单,可使用 Date 对象的 toString() 方法来打印当前日期和时间,如下所示：

```
import java.util.Date;
public class Mymain {
public static void main(String[] args) {
    // 初始化 Date 对象
        Date date = new Date();
    // 使用 toString() 函数显示日期时间
        System.out.println(date.toString());
}
    }
```

输出结果如下：

```
Mon Oct 09 17:04:15 CST 2023
```

使用 SimpleDateFormat 格式化日期，SimpleDateFormat 是一个以语言环境敏感的方式来格式化和分析日期的类。SimpleDateFormat 允许选择任何用户自定义的日期时间格式来运行。

SimpleDateFormat 格式化输出示例代码如下：

```java
import java.util.Date;
import java.text.SimpleDateFormat;
public class Mymain {
public static void main(String[] args) {
    Date dNow = new Date();
        SimpleDateFormat ft = new SimpleDateFormat("yyyy-MM-dd HH:mm:ss");
        System.out.println("Current Date: " + ft.format(dNow));
}
}
```

编译运行结果如下：

```
Current Date: 2023-10-09 20:00:24
```

"SimpleDateFormat ft = new SimpleDateFormat（"yyyy-MM-dd HH:mm:ss"）;"这一行代码确立了转换的格式。其中，yyyy 是完整的公元年；MM 是月份；dd 是日期；HH:mm:ss 是时、分、秒。

注意：有的格式大写，有的格式小写。例如，MM 是月份，mm 是分；HH 是 24 小时制的时，而 hh 是 12 小时制的时。

（4）Math 类。

Math 类是一个工具类，它的构造器被定义成 private 的，因此无法创造 Math 类的对象。Math 类中所有的方法都是类方法，可以直接通过类名来调用他们。 Math 类包含完成基本数学函数所需的方法，这些方法基本可以分为三类：三角函数方法、指数函数方法和服务方法。在 Math 类中定义了 PI 和 E 两个 double 型常量，PI 就是 π 的值，E 就是 e 指数底的值，分别是 3.141 592 6 和 2.718 281 8。

Math 类中常用方法如下。

①abs（）。返回一个数的绝对值。

②max（）。返回两个数中较大的数。

③min（）。返回两个数中较小的数。

④pow（）。返回一个数的某个次幂。

⑤sqrt（）。返回一个数的平方根。

⑥sin()。返回一个数的正弦值。

⑦cos()。返回一个数的余弦值。

⑧tan()。返回一个数的正切值。

⑨log()。返回一个数的自然对数。

⑩exp()。返回一个数的指数值。

⑪ceil()。返回一个数的上限整数。

⑫floor()。返回一个数的下限整数。

⑬round()。返回一个数的四舍五入整数。

接下来通过一个具体的实例了解 Math 类的常用方法。

Math 类常用方法示例代码如下：

```java
public class Mymain {
public static void main(String[] args) {
    System.out.println(Math.sqrt(25));   //5.0
        System.out.println(Math.pow(2,3));    //8.0
        System.out.println(Math.max(2.6,4.8));//4.8
        System.out.println(Math.min(2,4.6));//2.0
        System.out.println(Math.abs(-12.4));   //12.4
        System.out.println(Math.abs(3.14));    //3.14
        System.out.println(Math.ceil(-16.8));   //-16.0
        System.out.println(Math.ceil(13.7));   //14.0
        System.out.println(Math.ceil(-0.9));   //-0.0
        System.out.println(Math.ceil(0.0));    //0.0
        System.out.println(Math.ceil(-0.0));   //-0.0
        System.out.println(Math.ceil(-1.1));   //-1.0
        System.out.println(Math.floor(-12.2));  //-13.0
        System.out.println(Math.floor(10.9));   //10.0
        System.out.println(Math.floor(-0.1));   //-1.0
        System.out.println(Math.floor(0.0));    //0.0
        System.out.println(Math.floor(-0.0));   //-0.0
        System.out.println(Math.round(16.4));   //16
        System.out.println(Math.round(16.7));   //17
        System.out.println(Math.round(12.5));   //13
        System.out.println(Math.round(-16.4));   //-16
        System.out.println(Math.round(-16.7));   //-17
        System.out.println(Math.round(-12.5));   //-12
    }
}
```

163

用户注册

输入用户名、密码、邮箱，如果信息录入正确，则提示注册成功，否则提示相应的错误。要求：用户名长度为 6～8 位；密码长度为 8 位，必须包含数字和字母；邮箱中包含 @ 和点号"."。

用户注册代码如下：

```java
public class My_ZhuCe {
//      (1)用户名长度为 6～8 位；
    public static Boolean Username_len(String username){
        Boolean flag = false;
        if (username.length() >= 6 && username.length() <= 8){
            flag = true;
        }
        return flag;
    }
//              (2)密码长度为 8 位，必须包含数字和字母；
public static Boolean Password_pd(String userpassword){
        Boolean flag = false;
        Boolean flag_digit = false;
        Boolean flag_char = false;
        int len = userpassword.length();
    for(int i = 0;i < len;i ++){
        char c = userpassword.charAt(i);
        flag_digit = Character.isDigit(c);
        if(flag_digit){
            break;
        }
    }
    for(int i = 0;i < len;i ++){
        char c = userpassword.charAt(i);
        flag_char = Character.isLetter(c);
        if(flag_char){
            break;
        }
    }
        if(flag_digit && flag_char && len == 8)
```

164

```
                    flag = true;
            return flag;
    }
// (3) 邮箱中包含 @ 和点号"."。
    public static Boolean Email_pd(String email){
            Boolean flag = false;
            int i = email.indexOf('@');
    int j = email.indexOf('.');
            if (! (i > 0 && j > i)) {
                    flag = true;
            }
            return flag;
    }
    public static void main(String args[]){
            String username = "jxyy_01";
            String userpassword = "1t345678";
            String email = "abc@123";
            if(! Username_len(username)) System.out.println(" 用户名不合规");
            else if (! Password_pd(userpassword)) System.out.println(" 密码不合规");
            else if (! Email_pd(email)) System.out.println(" 邮箱不合规");
            else System.out.println(" 用户注册成功！");
    }
}
```

### 任务训练

（1）利用 Random 类设计一个密码的自动生成器，密码由大写字母、小写字母和数字组成，生成六位随机密码。

（2）设计一个用户注册程序，实现用户前台输入用户名、密码、邮箱。其中，需要判断是否满足：用户名长度为 6 ~ 8 位、密码长度为 8 位；必须包含数字和字母；邮箱中包含"@"和点号"."并输出相应的提示信息。

# 项目 6 　智能家居系统界面开发和事件处理

Java 图形用户界面(GUI) 在物联网(IoT) 开发中有多种应用，主要用于提供用户交互界面，帮助用户更方便地控制和监视物联网设备。Java GUI 可以用于创建直观的界面，让用户能够监控和控制物联网设备。例如，一个智能家庭的 GUI 可能允许用户通过点击按钮来控制家庭的灯光、温度等。

## 任务 6.1 　智能家居系统登录界面

### 学习目标

(1) 了解 Java GUI 的基本概念、原理和实现方式。
(2) 熟悉 Java GUI 中的组件和容器，如按钮、文本框、标签、面板等。
(3) 掌握 Java GUI 中的布局管理器，如 FlowLayout、BorderLayout、GridLayout 等。

### 工作任务

要求读者掌握使用 Java GUI 完成智能家居系统的登录界面设计的流程。开发者需利用 Java GUI 的相关知识和技术，创建一个直观、易用的界面，完成智能家居登录界面的展示，以便用户输入账号和密码进行登录。同时，还需要实现登录验证功能，确保系统的安全性。此任务旨在提升用户体验，并为智能家居系统的使用提供便捷的操作界面。

### 课前预习

(1) 在 Swing 中，用于创建文本框的组件是(　　)。

A. JTextField　　　　　　　　　　　B. JTextArea

C. JPasswordField　　　　　　　　　D. JButton

(2) 在 Swing 中，用于创建下拉列表的组件是(　　)。

A. JComboBox　　　　　　　　　　　B. JList

C. JTable　　　　　　　　　　　　　D. JTree

(3) 在 Swing 中，用于创建单选框的组件是(　　)。

A. JRadioButton　　　　　　　　　　B. JCheckBox

C. JToggleButton　　　　　　　　　　D. JButton

### 相关知识

智能家居系
统登录界面

#### 1. 认识 Swing 编程

Swing 是 Java 中用于创建 GUI 面的强大框架,它提供了丰富的 GUI 组件和灵活的布局管理器,使开发人员能够创建出美观易用的用户界面。同时,Swing 还支持完善的事件处理机制和绘图与图像处理功能,为应用程序添加交互性和视觉效果,可以帮助开发人员快速构建出高质量的用户界面。

(1)Swing 的发展。

Swing 的发展历程可以追溯到 Java 语言的早期版本。Swing 作为 Java Foundation Classes(JFC) 的一部分,最初由 Sun Microsystems(现在是 Oracle Corporation) 开发,并于 1997 年首次发布。它的设计目标是扩展和改进 Java 的早期 GUI 库 AWT(Abstract Window Toolkit),提供更加灵活、强大和美观的用户界面组件。Swing 完全基于 Java 实现,不依赖于底层操作系统,因此具有良好的跨平台特性。随着时间的推移,Swing 不断发展和完善,成为 Java 语言中用于创建 GUI 的主流框架之一。

(2)Swing 的特点。

① 纯 Java 实现,不依赖于操作系统,具有良好的移植性。Swing 组件都是用纯粹的 Java 代码实现的,可以在不同的平台上运行,不需要对代码进行修改。

② 提供了丰富的 GUI 组件和布局管理器,可以满足各种用户界面设计需求。Swing 提供了多种常用的 GUI 组件,如按钮、文本框、标签等,以及多种布局管理器,可以方便地进行界面布局。

③ 支持事件处理机制,可以响应用户的交互动作。Swing 提供了完善的事件处理机制,可以监听用户的交互动作,如点击、拖动等,并触发相应的事件处理函数。

④ 支持绘图和图像处理功能,可以在界面上绘制图形、文本等。Swing 提供了绘图和图像处理的相关 API,可以在界面上进行图形绘制、文本显示等操作,增加界面的视觉效果。

(3)Swing 的特征。

①Swing 组件采用模型 — 视图 — 控制器(model — view — controller,MVC) 设计模式。

a.模型(model)。用于维护组件的各种状态。

b.视图(view)。是组件的可视化表现。

c.控制器(controller)。用于控制对各种事件、组件做出响应 。

当模型发生改变时,它会通知所有依赖它的视图,视图会根据模型数据来更新自己。Swing 使用 UI 代理来包装视图和控制器,还有一个模型对象来维护该组件的状态。例如,按钮 JButton 有一个维护其状态信息的模型 ButtonModel 对象。Swing 组件的模型是自动设置的,因此一般都使用 JButton,而无须关心 ButtonModel 对象。

② Swing 在不同的平台上表现一致,并且有能力提供本地平台不支持的显示外观。由于 Swing 采用 MVC 模式来维护各组件,因此当组件的外观被改变时,对组件的状态信

息(由模型维护)没有任何影响。Swing 可以使用插拔式外观感觉(pluggable look and feel，PLAF)来控制组件外观,使得 Swing 图形界面在同一个平台上运行时能拥有不同的外观,用户可以选择自己喜欢的外观。相比之下,在 AWT 图形界面中,由于控制组件外观的对等类与具体平台相关,因此 AWT 组件总是具有与本地平台相同的外观。

### 2. 智能家居系统项目登录界面

(1) 项目创建。

配置好开发环境后,要开发一个智能家居系统项目登录界面,第一步就是在 IDEA 中新建一个开发项目。

(2) 界面容器组件。

①JFrame。JFrame 是 Swing 中的顶级容器,用于创建应用程序的主窗口。在智能家居系统登录界面中,可以使用 JFrame 创建一个窗口作为登录界面的容器。

②JPanel。JPanel 是 Swing 中的面板容器,用于组织和布局其他组件。在智能家居系统登录界面中,可以使用 JPanel 创建面板,将登录界面的各个组件放置在面板上。

③JTextField。JTextField 是 Swing 中的文本框组件,用于输入文本。在智能家居系统登录界面中,可以使用 JTextField 创建文本框,让用户输入用户名和密码等信息。

④JButton。JButton 是 Swing 中的按钮组件,用于触发事件。在智能家居系统登录界面中,可以使用 JButton 创建登录或取消按钮,用于触发相应的操作。

⑤ 单选框(JRadioButton)。单选框是一种用于在一组选项中选择一个选项的组件。在智能家居系统登录界面中,可以使用单选框让用户选择登录方式或其他单选选项。

⑥ 复选框(JCheckBox)。复选框是一种用于选择多个选项的组件。在智能家居系统登录界面中,可以使用复选框让用户选择多个权限或选项。

⑦ 单选按钮(JToggleButton)。单选按钮与单选框类似,也是一种用于在一组选项中选择一个选项的组件,但它的状态可以切换。在智能家居系统登录界面中,可以使用单选按钮让用户切换不同的登录状态。

⑧ 组合框(JComboBox)。组合框是一种下拉列表组件,用于从多个选项中选择一个选项。在智能家居系统登录界面中,可以使用组合框让用户选择房间或设备等选项。

⑨ 标签控页(JTabbedPane)。标签控页是一种包含多个标签页的容器,每个标签页可以包含不同的组件。在智能家居系统登录界面中,可以使用标签控页将不同的登录方式或设置选项分类展示在不同的标签页中。

**任务实施**

### 1. 任务分析

(1) 创建主窗口。

首先创建一个 JFrame 对象作为主窗口,设置窗口的标题、大小和其他属性。

(2) 创建面板。

在主窗口中创建一个 JPanel 对象作为容器,用于容纳登录界面的各种组件。

（3）设计布局。

使用布局管理器设计面板的布局,确定组件的位置和大小。

（4）添加组件。

将所需的组件(如文本框、按钮等)添加到面板中,并设置组件的属性和事件监听器。

"添加组件"的具体操作可以根据实际需求进行设计。例如,可以添加文本框用于输入用户名和密码,添加按钮用于登录或取消操作,并为这些组件设置相应的事件监听器,以实现登录界面的交互功能。

### 2. 任务实现

智能家居系统项目登录界面代码实现如下:

```java
import javax.swing. * ;
import java.awt. * ;
import java.awt.event. * ;
public class LoginFrame extends JFrame implements ActionListener {
    private JTextField usernameField;
    private JPasswordField passwordField;
    private JButton loginButton;
    private JButton registerButton;
    public LoginFrame() {
        setTitle("智能家居系统登录");
        setSize(400, 200);
        setLocationRelativeTo(null);
        setDefaultCloseOperation(JFrame.EXIT_ON_CLOSE);
        initComponents();
    }
    private void initComponents() {
        JPanel panel = new JPanel();
        panel.setLayout(new GridLayout(3, 2));
        JLabel usernameLabel = new JLabel("账户名:");
        usernameField = new JTextField();
        JLabel passwordLabel = new JLabel("密码:");
        passwordField = new JPasswordField();
        loginButton = new JButton("登录");
        loginButton.addActionListener(this);
        registerButton = new JButton("注册");
        registerButton.addActionListener(this);
        panel.add(usernameLabel);
        panel.add(usernameField);
```

```
        panel.add(passwordLabel);
        panel.add(passwordField);
        panel.add(loginButton);
        panel.add(registerButton);
        add(panel);
    }
    @Override
    public void actionPerformed(ActionEvent e) {
        if (e.getSource() == loginButton) {
            // 处理登录逻辑
        } else if (e.getSource() == registerButton) {
            // 处理注册逻辑
        }
    }
    public static void main(String[] args) {
        LoginFrame frame = new LoginFrame();
        frame.setVisible(true);
    }
}
```

### 任务训练

员工列表如图 6.1 所示,请使用 Java 中 GUI 相关技术实现界面。

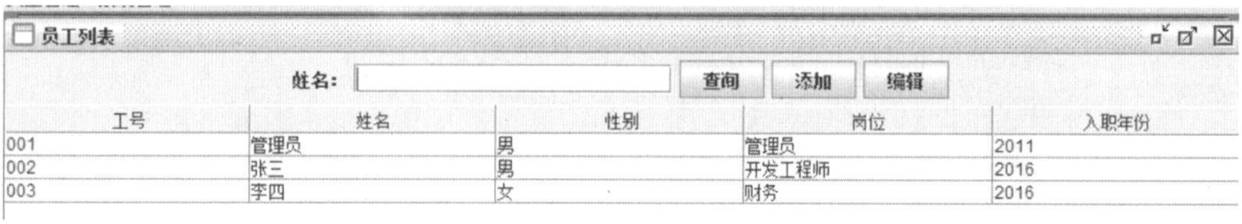

图 6.1    员工列表

### 拓展知识

Swing 提供了多种基础组件容器,用于组织和布局 GUI 组件。这些容器具有不同的特点和功能,可以根据需求选择适合的容器来创建出美观易用的用户界面。

(1) JScrollPane。

JScrollPane 是一个带有滚动条的容器,用于显示不可见或超出视口大小的组件。它可以包含任意类型的组件,但通常用于包含文本区域、表格或树等需要滚动条的组件。

(2) JSplitPane。

JSplitPane 是一个分割面板容器,用于将两个或多个组件分隔开来,并允许用户通过拖动分割条来调整它们的大小。它通常用于创建可以调整大小的多面板用户界面。

（3）JTabbedPane。

JTabbedPane 是一个标签控页容器，用于将多个组件组织在不同的标签页中。每个标签页可以包含一个独立的组件，用户可以通过单击标签来切换不同的页面。它通常用于创建具有多个选项卡或设置选项的用户界面。

这些容器提供了不同的布局和功能，可以根据需求选择适合的容器来创建出更加灵活、美观和易用的用户界面。同时，Swing 还允许通过继承和实现自定义的容器类来扩展和定制容器的行为和外观，以满足特定的应用程序需求。

# 任务 6.2　智能家居功能界面

## 学习目标

（1）掌握 Swing 编程中布局管理器的概念和种类，了解不同布局管理器的特点和用途。

（2）学会使用 GridLayout 布局管理器进行组件的排列和布局，实现整齐美观的界面设计。

（3）掌握在 Swing 编程中引入图片元素的方法，提高界面的美观度和用户体验。

## 工作任务

本任务要完成智能家居系统功能界面的设计。

（1）设计程序界面元素，包括温湿度、耗电量、噪音数量、报警灯报警情况显示标签、家居控制开关按钮。

（2）将相关元素在智能家居系统操控界面进行合理布局设置。

## 课前预习

（1）下列布局管理器可以将组件按照水平或垂直方向排列的是（　　　）。

A. FlowLayout　　　　　　　　　　B. BorderLayout

C. GridLayout　　　　　　　　　　D. BoxLayout

（2）下列布局管理器将容器分为五个区域即北、南、东、西和中央的是（　　　）。

A. FlowLayout　　　　　　　　　　B. BorderLayout

C. GridLayout　　　　　　　　　　D. BoxLayout

（3）下列布局管理器将容器划分为网格，每个单元格大小相同，可以放置一个组件的是（　　　）。

A. FlowLayout　　　　　　　　　　B. BorderLayout

C. GridLayout　　　　　　　　　　D. BoxLayout

## 相关知识

Swing 编程中的布局管理器是一种用于控制组件在容器中的位置和大小的机制。

171

智能家居系统功能界面

Swing 提供了多种布局管理器,每种布局管理器都有不同的特点和用途。以下是一些常见的 Swing 布局管理器的知识介绍。

（1）FlowLayout。

FlowLayout 布局管理器将组件按照水平或垂直方向排列,当一行或一列的空间不足以放置下一个组件时,会自动换行或换列。这种布局管理器适用于简单的 GUI 设计,如按钮和标签的排列。

（2）BorderLayout。

BorderLayout 布局管理器将容器分为五个区域:北、南、东、西和中央。可以将组件添加到这些区域中,并根据需要调整它们的大小和位置。这种布局管理器适用于需要分区的 GUI 设计。

（3）GridLayout。

GridLayout 布局管理器将容器划分为网格,每个单元格大小相同,可以放置一个组件。可以将组件添加到网格中,并按照网格的大小和位置进行排列。这种布局管理器适用于需要整齐排列组件的 GUI 设计。

（4）BoxLayout。

BoxLayout 布局管理器将组件按照水平或垂直方向排列,可以根据需要调整组件之间的间距和对齐方式。这种布局管理器适用于需要精确控制组件位置和大小的 GUI 设计。

 **任务实施**

172

### 1. 任务分析

（1）创建 SmartHomeControlPanel 类并继承 JFrame。

首先创建一个 SmartHomeControlPanel 类,该类继承自 JFrame,以便创建一个独立的窗口来显示智能家居操控界面。

（2）初始化组件和布局。

在 SmartHomeControlPanel 类的构造函数中,设置窗口的标题、大小和位置,并使用 GridLayout 布局管理器初始化界面组件,包括温度、湿度、噪音量、耗电量、报警灯和家居开关控制按钮等标签和按钮。

（3）添加组件到面板。

使用 add 方法将初始化好的组件添加到面板中,以便在窗口中显示。

（4）处理按钮点击事件。

实现 ActionListener 接口,重写 actionPerformed 方法,以处理按钮点击事件。在方法中判断点击的按钮,然后执行相应的操作。

（5）设置界面可见性。

在 main 方法中创建 SmartHomeControlPanel 对象,并使用 setVisible 方法设置界面的可见性,以便用户可以看到和操作智能家居操控界面。

## 2. 任务实现

智能家居功能界面功能实现代码如下：

```java
import javax.swing. * ;
import java.awt. * ;
import java.awt.event. * ;
public class SmartHomeControlPanel extends JFrame implements ActionListener {
    private JLabel temperatureLabel;
    private JLabel humidityLabel;
    private JLabel noiseLevelLabel;
    private JLabel powerConsumptionLabel;
    private JLabel alarmLabel;
    private JButton lightSwitchButton;
    private JButton airConditionerSwitchButton;
    private JLabel backgroundImageLabel;
    public SmartHomeControlPanel() {
        setTitle("智能家居操控界面");
        setSize(600, 400);
        setLocationRelativeTo(null);
        setDefaultCloseOperation(JFrame.EXIT_ON_CLOSE);
        initComponents();
    }
    private void initComponents() {
        JPanel panel = new JPanel();
        panel.setLayout(new GridLayout(6, 2));
        temperatureLabel = new JLabel("温度:25℃");
        humidityLabel = new JLabel("湿度:50%");
        noiseLevelLabel = new JLabel("噪音量:40dB");
        powerConsumptionLabel = new JLabel("耗电量:10kWh");
        alarmLabel = new JLabel("报警灯:关闭");
        lightSwitchButton = new JButton("灯光开关");
        lightSwitchButton.addActionListener(this);
        airConditionerSwitchButton = new JButton("空调开关");
        airConditionerSwitchButton.addActionListener(this);
        ImageIcon backgroundImage = new ImageIcon("background.jpg"); // 引入背景图片
        backgroundImageLabel = new JLabel(backgroundImage);
        backgroundImageLabel.setLayout(new FlowLayout());
        backgroundImageLabel.setOpaque(true);
        panel.add(new JLabel("温度:"));
        panel.add(temperatureLabel);
```

173

```
        panel.add(new JLabel("湿度:"));
        panel.add(humidityLabel);
        panel.add(new JLabel("噪音量:"));
        panel.add(noiseLevelLabel);
        panel.add(new JLabel("耗电量:"));
        panel.add(powerConsumptionLabel);
        panel.add(new JLabel("报警灯:"));
        panel.add(alarmLabel);
        panel.add(new JLabel("灯光开关:"));
        panel.add(lightSwitchButton);
        panel.add(new JLabel("空调开关:"));
        panel.add(airConditionerSwitchButton);
        add(backgroundImageLabel); // 添加背景图片到窗口中
        add(panel); // 添加面板到窗口中
    }
    @Override
    public void actionPerformed(ActionEvent e) {
        if (e.getSource() == lightSwitchButton) {
            // 处理灯光开关按钮点击事件
        } else if (e.getSource() == airConditionerSwitchButton) {
            // 处理空调开关按钮点击事件
        }
    }
    public static void main(String[] args) {
        SmartHomeControlPanel panel = new SmartHomeControlPanel();
        panel.setVisible(true);
    }
}
```

### 任务训练

使用 Java Swing 设计并编写一个账号注册的图形界面程序,要求如下。

① 使用 MVC 结构。

② 用户能够在界面输入"用户名"和"密码",且规定:用户名的字节数不超过 16,并将注册用户名的规范显示在界面;点击"注册"按钮后,程序将判断用户输入的用户名是否符合规范,即长度不超过 16 B;如果用户名不符合规范,则在注册界面提示用户"用户名不能超过 14 B,请重新输入。",反之则注册成功,用另一个页面显示已注册的用户名和密码。

# 项目 7　初识 Java 集合

## 任务 7.1　集合的概念和分类

（1）了解集合的概念和分类。

（2）区分集合与数组之间的区别。

使用集合处理学生对象的数据。

（1）在 Java 中，当需要存储一个不确定数量的对象时，应该选择（　　）。

A. 数组（Array）　　　　　　　　　B. 链表（Linked List）

C. 集合（Collection）　　　　　　　D. 映射（Map）

（2）以下选项能够正确描述集合与数组的主要区别的是（　　）。

A. 集合的容量是固定的，而数组的容量是可变的

B. 集合只能存储基本数据类型，而数组可以存储引用数据类型

C. 集合的容量是可变的，而数组的容量是固定的

D. 集合只能存储包装类对象，而数组可以存储基本数据类型

（3）如果需要频繁地插入和删除元素，推荐使用（　　）Java 集合。

A. 数组（Array）　　　　　　　　　B. 链表（Linked List）

C. 向量（Vector）　　　　　　　　　D. 哈希表（HashSet）

（4）在 Java 集合框架中，所有集合类都位于（　　）包中。

A. java.util　　　　　　　　　　　B. java.lang

C. java.io　　　　　　　　　　　　D. java.net

（5）以下集合类允许存储重复元素的是（　　）。

A. HashSet　　　　　　　　　　　B. LinkedHashSet

C. TreeSet　　　　　　　　　　　D. ArrayList

相关知识

### 1. 集合的概念和分类

在程序中,通常需要保存多个对象,但有时无法确定需要保存多少个对象。在这种情况下,数组不再适用,因为数组的长度不可变。为保存数量不确定的对象,Java 开发工具包(JDK)提供了一系列特殊的类,这些类可以存储任意类型的对象并且具有可变长度,统称为集合。这些类都位于 java.util 包中,使用它们时需要导入相应的包,否则会出现异常。

(1)集合与数组的区别。

共同点:都是存储数据的容器。

不同点:数组的容量是固定的,集合的容量是可变的。

如果存储的数据长度经常发生改变,推荐使用集合。

集合只能存储引用数据类型,如果要存储基本数据类型,则需要存储对应的包装类。

集合类体系结构如图 7.1 所示。

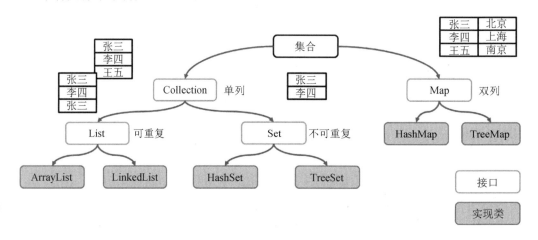

图 7.1　集合类体系结构

(2)使用数组的示例。

需求:将（张三,23)(李四,24)(王五,25)封装为三个学生对象并存入数组,随后遍历数组,将学生信息输出在控制台。

思路:定义学生类准备用于封装数据,动态初始化长度为 3 的数组,类型为 Student 类型。

① 根据需求创建三个学生对象,将学生对象存入数组。

② 遍历数组,取出每一个学生对象。

③ 调用对象的 getXxx 方法获取学生信息,并输出在控制台。

遍历数组代码如下:

```java
// 定义学生类准备用于封装数据
// 学生类 Student.java
public class Student{
    private String name;
    private int age;
    public Student() {
    }
    public Student(String name, int age) {
        this.name = name;
        this.age = age;
    }
    public String getName() {
        return name;
    }
    public void setName(String name) {
        this.name = name;
    }
    public int getAge() {
        return age;
    }
    public void setAge(int age) {
        this.age = age;
    }
}
// TestObjectArray.java
import Student;
public class TestObjectArray {
    public static void main(String[] args) {
        // 动态初始化长度为 3 的数组，类型为 Student 类型
        Student[] arr = new Student[3];
        // 根据需求创建三个学生对象
        Student stu1 = new Student(" 张三",23);
        Student stu2 = new Student(" 李四",24);
        Student stu3 = new Student(" 王五",25);
        // 将学生对象存入数组
        arr[0] = stu1;// 在对象数组中存储的是对象的内存地址，直接打印的话，打印的也是
对象的内存地址
        arr[1] = stu2;
        arr[2] = stu3;
        // 遍历数组，取出每一个学生对象
        for (int i = 0; i < arr.length; i++) {
            // System.out.println(arr[i]); // domain.Student@1540e19d
            Student temp = arr[i];
            System.out.println(temp.getName() + "..." + temp.getAge());
        }
    }
}
```

177

遍历数组运行结果如图 7.2 所示。

图 7.2　遍历数组运行结果

### 2. 集合的分类

集合按照存储结构可分为两大类,即单列集合(collection)和双列集合(map)。这两种集合的特点如下。

(1) 单列集合。

Collection 是单列集合类的根接口,用于存储一系列符合某种规则的对象,这些对象又称 Collection 的元素。一些 Collection 允许有重复的元素,而另一些不允许;一些 Collection 是有序的,而另一些是无序的。它有两个重要的子接口,分别是 List 和 Set。

①List。List 的特点是元素有序并且可重复。主要实现类有 ArrayList 和 LinkedList。

②Set。Set 的特点是元素无序并且不可重复。主要实现类有 HashSet 和 TreeSet。

(2) 双列集合。

Map 是双列集合类的根接口,用于存储具有键(key)和值(value)映射关系的元素,每个元素都包含一对键值。使用 Map 集合时,可以通过指定的键找到对应的值,如根据学生的学号找到对应的学生。主要实现类有 HashMap 和 TreeMap。

**任务训练**

编写一个 Java 程序,创建一个名为 Employee 的类,该类包含员工的姓名、年龄和职位信息。使用以下信息初始化五个 Employee 对象:("赵钱",30,"软件工程师")、("孙李",28,"产品经理")、("周吴",26,"UI 设计师")、("郑王",35,"技术支持")、("冯陈",40,"项目经理")。将这些对象存储在一个 Employee 数组中,然后遍历数组,输出每个员工的姓名、年龄和职位。

# 任务7.2  Collection 接口

(1) 了解 Collection 接口的基本概念和它在 Java 集合框架中的作用。

(2) 区分并理解 List 和 Set 这两种主要的子接口,以及它们的特点和用途。

(3) 熟练掌握各种集合操作,包括添加、删除、查找和遍历集合中的元素。

### 工作任务

理解 Collection 接口,了解 Collection 接口的定义和它在 Java 集合框架中的位置。学习 Collection 接口提供的常用方法,如 add、remove、contains、size 和 iterator。

掌握 List 集合,研究 List 接口与 Collection 接口的关系,以及 List 的有序性和可重复性特点。学习并比较 ArrayList 和 LinkedList 这两种 List 的实现类,理解它们在不同场景下的优劣。编写代码,实现使用 List 进行元素的添加、删除、访问和遍历。

掌握 Set 集合,研究 Set 接口与 Collection 接口的关系,以及 Set 的无序性和唯一性特点。学习 HashSet、LinkedHashSet 和 TreeSet 这三种 Set 的实现类,理解它们的区别和适用场景。

### 课前预习

(1) 在 Java 集合框架中,(    ) 接口代表了一组不允许重复元素的集合。

A. List                    B. Set

C. Map                     D. Queue

(2) Collection 接口在 Java 集合框架中的作用是(    )。

A. 它是一个具体的集合类,可以直接实例化

B. 它是所有集合类的父接口,提供了集合操作的基本方法

C. 它用于存储键值对映射

D. 它定义了队列操作的接口

(3)(    ) 类是 'List' 接口的实现,且允许随机访问元素。

A. HashSet                 B. LinkedHashSet

C. ArrayList               D. LinkedList

(4) 在 Java 中,(    ) 遍历一个 'Collection' 类型的集合。

A. 使用 for 循环和索引访问

B. 使用 while 循环和迭代器

C. 使用 for—each 循环

D. 使用 try—with—resources 语句

(5) 如果需要在集合中存储键值对,应该使用(    )Java 集合。

A. List          B. Set          C. Map          D. Queue

Collection
接口

**相关知识**

### 1. Collection 概述

Collection 是单例集合的顶层接口,它表示一组对象,这些对象又称 Collection 的元素,JDK 不提供此接口的任何直接实现,而提供更具体的子接口(如 Set 和 List)实现。

Collection 接口定义了一些基本的方法来操作集合,包括添加、删除、查找、遍历等操作。Collection 接口的一些常见方法见表 7.1。

表 7.1　Collection 接口的一些常见方法

| 方法名 | 说明 |
| --- | --- |
| boolean add(E e) | 添加元素 |
| boolean remove(Object o) | 从集合中移除指定的元素 |
| boolean removeIf(Object o) | 根据条件进行移除 |
| void clear() | 清空集合中的元素 |
| boolean contains(Object o) | 判断集合中是否存在指定的元素 |
| boolean isEmpty() | 判断集合是否为空 |
| int size() | 集合的长度,也就是集合中元素的个数 |

Collection 接口常见方法代码如下:

```java
import java.util.ArrayList;
import java.util.Collection;
import java.util.Iterator;
public class CollectionExample {
    public static void main(String[] args) {
        // 创建一个 ArrayList 集合
        Collection < String > list = new ArrayList<> ();
        // 添加元素
        list.add("Apple");
        list.add("Banana");
        list.add("Orange");
        // 判断集合是否包含某个元素
        System.out.println("Contains Banana: " + list.contains("Banana"));
        // 获取集合的大小
        System.out.println("Size: " + list.size());
        // 遍历集合
        Iterator < String > iterator = list.iterator();
        while (iterator.hasNext()) {
            System.out.println(iterator.next());
        }
```

```
    // 删除元素
    list.remove("Banana");
    // 清空集合
    list.clear();
    // 检查集合是否为空
    System.out.println("Is empty: " + list.isEmpty());
    }
}
```

Collection 接口运行结果如图 7.3 所示。

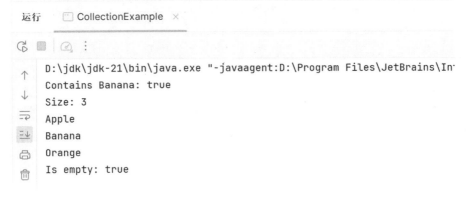

图 7.3　Collection 接口运行结果

### 2. Collection 接口的遍历

（1）迭代器介绍。

迭代器是集合的专用遍历方式。

Iterator iterator() 返回此集合中元素的迭代器，通过集合对象的 iterator() 方法得到。

Iterator 中的常用方法如下。

① boolean hasNext()。判断当前位置是否有元素可以被取出。

② next()。获取当前位置的元素，将迭代器对象移向下一个索引位置。

（2）Collection 集合的遍历。

Collection 集合的遍历代码如下：

```
import java.util.ArrayList;
import java.util.Collection;
import java.util.Iterator;
public class CollectionDemo01 {
    public static void main(String[] args) {
        // 创建集合对象
        Collection < String > c = new ArrayList <> ();
        // 添加元素
        c.add("hello");
        c.add("world");
        c.add("java");
        c.add("javaEE");
        // Iterator < E > iterator():返回此集合中元素的迭代器,通过集合的 iterator() 方法
得到
        Iterator < String > it = c.iterator();
        // 用 while 循环改进元素的判断和获取
        while (it.hasNext()) {
            String s = it.next();
            System.out.println(s);
        }
    }
}
```

Collection 集合的遍历运行结果如图 7.4 所示。

图 7.4　Collection 集合的遍历运行结果

（3）迭代器中删除的方法。

void remove() 用来删除迭代器对象当前指向的元素。

迭代器中使用删除方法的代码如下：

```java
import java.util.ArrayList;
import java.util.Iterator;
public class IteratorDemo02 {
    public static void main(String[] args) {
        ArrayList < String > list = new ArrayList <> ();
        list.add("Apple");
        list.add("Banana");
        list.add("Orange");
        list.add("Grapes");
        Iterator < String > it = list.iterator();
        while(it.hasNext()){
            String s = it.next();
            if("Banana".equals(s)){
                // 指向谁,此时就删除谁
                it.remove();
            }
        }
        System.out.println(list);
    }
}
```

迭代器中删除方法运行结果如图 7.5 所示。

图 7.5　迭代器中删除方法运行结果

（4）增强 For 循环。

增强 For 循环是 JDK5 之后出现的,其内部原理是一个 Iterator 迭代器,实现 Iterable 接口的类才可以使用迭代器和增强 for 简化数组和 Collection 集合的遍历,其格式如下:

```
for(集合 / 数组中元素的数据类型 变量名 ：集合 / 数组名){
// 已经将当前遍历到的元素封装到变量中了,直接使用变量即可
}
```

增强 for 循环遍历集合的方法代码如下:

```java
import java.util.ArrayList;
public class MyCollectonDemo1 {
    public static void main(String[] args) {
        ArrayList < String > list = new ArrayList <> ();
        list.add("Apple");
        list.add("Banana");
        list.add("Orange");
        list.add("Grapes");
        //1.数据类型一定是集合或数组中元素的类型
        //2.str 只是一个变量名,在循环的过程中,依次表示集合或者数组中的每一个元素
        //3.list 就是要遍历的集合或数组
        for(String str : list){
            System.out.println(str);
        }
    }
}
```

增强 for 循环遍历集合运行结果如图 7.6 所示。

运行　　☐ MyCollectonDemo1　✕

```
D:\jdk\jdk-21\bin\java.exe "-javaagent:D:\Program Files\JetBrains\Intel
Apple
Banana
Orange
Grapes

进程已结束,退出代码为 0
```

List 接

图 7.6　增强 for 循环遍历集合运行结果

### 3. List 接口

(1)List 的实现类。

List 是继承自 Collection 的一个子接口,它允许元素有序并可重复。List 接口具有一些额外的方法,如根据索引获取元素、插入元素、替换元素等。List 接口的特有方法见表 7.2。

表 7.2　List 接口的特有方法

| 方法名 | 描述 |
|---|---|
| void add(int index,E element) | 在此集合中的指定位置插入指定的元素 |
| E remove(int index) | 删除指定索引处的元素,返回被删除的元素 |
| E set(int index,E element) | 修改指定索引处的元素,返回被修改的元素 |
| E get(int index) | 返回指定索引处的元素 |

List 接口的扩展方法见表 7.3。

表 7.3　List 接口的扩展方法

| 序号 | 方法类型 | 描述 |
|---|---|---|
| 1 | public void add(int index, E element) | 在指定位置增加元素 |
| 2 | public boolean addAll(int index, Collection $<?$ extends E$>$ c) | 在指定位置增加一组元素 |
| 3 | E get(int index) | 返回指定位置的元素 |
| 4 | public int indexOf(Object o) | 查找指定元素的位置 |
| 5 | public int lastIndexOf(Object o) | 从后向前查找指定元素的位置 |
| 6 | public ListIterator $<$ E $>$ listIterator() | 为 ListIterator 接口实例化 |
| 7 | public E remove(int index) | 按指定的位置删除元素 |
| 8 | public List $<$ E $>$ subList(int fromIndex, int toIndex) | 取出集合中的子集合 |
| 9 | public E set(int index, E element) | 替换指定位置的元素 |

List 接口的扩展方法代码如下:

```java
import java.util.ArrayList;
import java.util.List;
public class ListExample {
    public static void main(String[] args) {
        // 创建一个 ArrayList
        List < String > list = new ArrayList <> ();
        // 添加元素
        list.add("Apple");
        list.add("Banana");
        list.add("Orange");
        // 获取指定索引处的元素
        System.out.println("Element at index 1: " + list.get(1));
        // 插入元素
        list.add(1, "Mango");
        // 替换元素
```

```
        list.set(2，"Grapes");
        // 遍历集合
        for (String fruit : list) {
            System.out.println(fruit);
        }
    }
}
```

List 接口的扩展方法运行结果如图 7.7 所示。

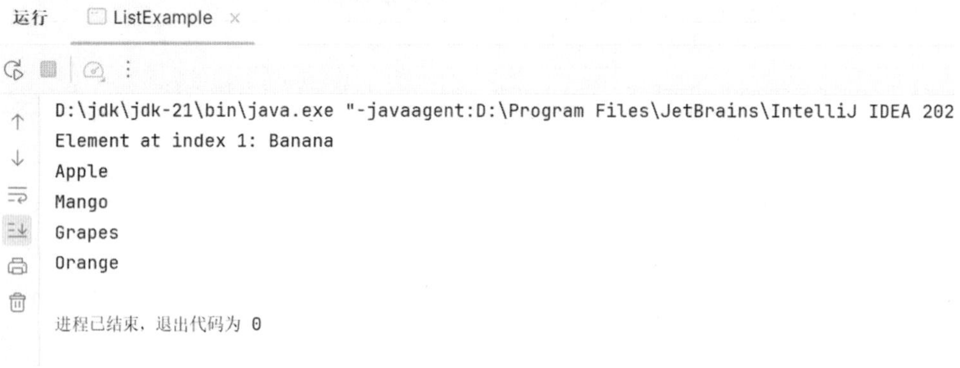

运行    ListExample  ×

```
D:\jdk\jdk-21\bin\java.exe "-javaagent:D:\Program Files\JetBrains\IntelliJ IDEA 202
Element at index 1: Banana
Apple
Mango
Grapes
Orange

进程已结束，退出代码为 0
```

图 7.7　List 接口的扩展方法运行结果

（2）ArrayList 集合。

ArrayList 集合底层是数组结构实现，查询快，增删慢，接口的大小由可变数组的实现，实现了所有可选列表操作，并允许包括 null 在内的所有元素。

ArrayList（）构造一个初始容量为 10 的空列表。

ArrayList 是 List 接口的实现类，它是一个动态数组，允许存储元素并根据需要自动增加容量。以下是关于 ArrayList 的一些重要特征。

① 可以通过索引访问元素，元素有序并可重复。

② 添加、删除元素的操作比较高效。

③ 支持动态扩展容量，自动处理底层数据结构的调整。

ArrayList 集合常用方法见表 7.4。

表 7.4　ArrayList 集合常用方法

| 方法名 | 说明 |
| --- | --- |
| public boolean remove(Object o) | 删除指定的元素，返回删除是否成功 |
| public E remove(int index) | 删除指定索引处的元素，返回被删除的元素 |
| public E set(int index，E element) | 修改指定索引处的元素，返回被修改的元素 |
| public E get(int index) | 返回指定索引处的元素 |
| public int size() | 返回集合中的元素的个数 |

两个删除方法如下。

①public boolean remove(Object o)。删除指定的元素，返回删除是否成功。

②public E remove(int index)。删除指定索引处的元素,返回被删除的元素。
remove 的删除方法代码如下:

```java
import java.util.ArrayList;
public class DemoArrayList02 {
    public static void main(String[] args) {
        // 创建集合容器对象
        ArrayList < String > list = new ArrayList <> ();
        // 调用对象的 add 方法,向容器中添加数据
        list.add("abc");
        list.add("111");
        list.add("222");
        list.add("333");
        list.add("444");
        list.add("555");
        // public boolean remove(Object o) 删除指定的元素,返回删除是否成功
        boolean b1 = list.remove("abc");
        boolean b2 = list.remove("zzz");// 删除一个不存在的元素
        System.out.println(b1);// true
        System.out.println(b2);// false
        // 检查是否删除成功
        System.out.println(list);// [111, 222, 333, 444, 555]
        // public E remove(int index) 删除指定索引处的元素,返回被删除的元素
        String s = list.remove(0);// 删除 111
        System.out.println(s);// 返回被删除元素:111
        System.out.println(list);// [222, 333, 444, 555]
    }
}
```

remove 的删除方法运行结果如图 7.8 所示。

```
运行    □ DemoArrayList02  ×

G  ▣  ⊘  ⋮

↑   D:\jdk\jdk-21\bin\java.exe "-javaagent:D:\Program Files\JetBrains\IntelliJ ID
↓   true
⇥   false
≡↓  [111, 222, 333, 444, 555]
🖶  111
🗑   [222, 333, 444, 555]

    进程已结束,退出代码为 0
```

图 7.8　remove 的删除方法运行结果

（3）LinkedLIst 集合。

LinkedList 也是 List 接口的实现类，它是一个双向链表，每个元素都包含了对前一个和后一个元素的引用。以下是关于 LinkedList 的一些关键特点。

① 支持高效的插入和删除操作，尤其在中间插入或删除元素时更快。

② 可用作队列（FIFO，先进先出）和栈（LIFO，后进先出）。

③ 由于它是链表，因此访问元素要比 ArrayList 慢。

LinkedList 集合的特有方法见表 7.5。

**表 7.5　LinkedList 集合的特有方法**

| 方法名 | 说明 |
| --- | --- |
| public void addFirst(E e) | 在该列表开头插入指定的元素 |
| public void addLast(E e) | 将指定的元素追加到此列表的末尾 |
| public E getFirst() | 返回此列表中的第一个元素 |
| public E getLast() | 返回此列表中的最后一个元素 |
| public E removeFirst() | 从此列表中删除并返回第一个元素 |
| public E removeLast() | 从此列表中删除并返回最后一个元素 |

LinkedList 集合特有方法代码如下：

```
import java.util.LinkedList;
import java.util.List;
public class LinkedListExample {
    public static void main(String[] args) {
        // 创建一个 LinkedList
        List < String > list = new LinkedList <> ();
        // 添加元素
        list.add("Apple");
        list.add("Banana");
        list.add("Orange");
        // 遍历集合
        for (String fruit : list) {
            System.out.println(fruit);
        }
    }
}
```

LinkedList 集合特有方法运行结果如图 7.9 所示。

运行　　☐ LinkedListExample　×

```
D:\jdk\jdk-21\bin\java.exe "-javaagent:D:\Program Files\JetBrains\Intel
Apple
Banana
Orange

进程已结束，退出代码为 0
```

图 7.9　LinkedList 集合特有方法运行结果

### 4.Set 集合

Set 是 Collection 的另一个子接口,不可以存储重复元素。Set 没有索引,不能使用普通 for 循环遍历,并且没有特定的顺序。常见的 Set 实现类有 HashSet 和 TreeSet。

Set 接口

(1)HashSet。

HashSet 是 Set 接口的实现类,它基于哈希表的数据结构,不允许存储重复的元素。以下是关于 HashSet 的一些重要特征:

① 不保证元素的顺序,元素存储顺序可能不同于插入顺序。

② 具有常数时间的平均插入、删除和查找操作的性能。

HashSet 添加重复元素代码如下:

```java
import java.util.HashSet;
import java.util.Set;
public class HashSetExample {
    public static void main(String[] args) {
        // 创建一个 HashSet
        Set < String > set = new HashSet <> ();
        // 添加元素
        set.add("Apple");
        set.add("Banana");
        set.add("Orange");
        // 添加重复元素,不会被添加
        set.add("Banana");
        // 遍历集合
        for (String fruit : set) {
            System.out.println(fruit);
        }
    }
}
```

HashSet 添加重复元素运行结果如图 7.10 所示。

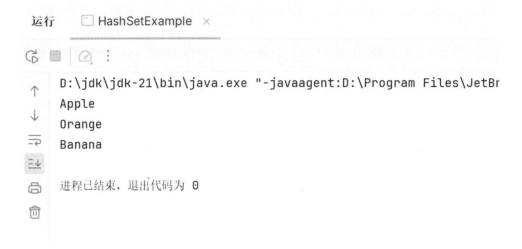

图 7.10　HashSet 添加重复元素运行结果

（2）TreeSet。

TreeSet 也是 Set 接口的实现类，是基于红黑树的数据结构，能够按自然顺序或自定义顺序对元素进行排序。以下是关于 TreeSet 的一些重要特征。

① 元素按照升序顺序排列（自然顺序），或根据提供的比较器进行排序。

② 不允许存储重复的元素。

TreeSet 添加重复元素代码如下：

```java
import java.util.TreeSet;
import java.util.Set;
public class TreeSetExample {
    public static void main(String[] args) {
        // 创建一个 TreeSet
        Set < String > set = new TreeSet <> ();
        // 添加元素
        set.add("Apple");
        set.add("Banana");
        set.add("Orange");
        // 添加重复元素,不会被添加
        set.add("Banana");
        // 遍历集合
        for (String fruit : set) {
            System.out.println(fruit);
        }
    }
}
```

TreeSet 添加重复元素运行结果如图 7.11 所示。

图 7.11   TreeSet 添加重复元素运行结果

**任务训练**

（1）编写一个 Java 程序，该程序要求用户输入一系列数字，并使用 List 集合来存储这些数字。程序应具备以下功能：

① 允许用户输入任意数量的正整数；

② 提供一个选项，让用户可以选择将输入的数字存储到 ArrayList 或 LinkedList 中，并解释两种实现的区别；

③ 实现一个功能，输出 List 中的所有元素，并计算并显示所有输入数字的总和及平均值。

（2）设计一个 Java 类 Classroom，该类用于管理一个班级中的学生名单。使用 List 集合来存储学生的姓名，并使用 Set 集合来跟踪哪些学生已经出席了课程。类应提供以下功能：

① 添加学生到班级名单；

② 标记学生为出席或缺席；

③ 查询特定学生是否已经出席过课程；

④ 输出所有出席过课程的学生名单；

⑤ 类能够处理学生姓名的添加和查询，同时确保学生出席记录的准确性。

# 任务 7.3   Map 接口

**学习目标**

（1）理解 Map 接口的基本概念。

（2）学习如何使用 Map 接口提供的方法。

（3）了解 HashMap、TreeMap 等 Map 实现类的特性、用途和性能差异。

**工作任务**

掌握 HashMap 的工作原理,包括它的快速查找、添加和删除元素的能力。

**课前预习**

(1) 在 Java 中,( )接口用于存储键值对映射关系的集合。

A. List          B. Set          C. Map          D. Queue

(2) 关于 Java Map 接口的描述,( )是正确的。

A. 键和值都是唯一的

B. 键可以重复,但值必须唯一

C. 键是唯一的,值可以重复

D. 键和值都可以重复

(3)( )类是 Map 接口的实现,并且可以按照键的自然顺序或自定义顺序对键进行排序。

A. HashMap                    B. TreeMap

C. LinkedHashMap              D. PriorityQueue

(4) 在 JavaMap 集合中,( )根据键查找对应的值。

A. 使用 add 方法              B. 使用 remove 方法

C. 使用 get 方法              D. 使用 contains 方法

(5) 以下关于 HashMap 的描述,( )是正确的。

A. 它对键进行排序

B. 它允许键为 null

C. 它不允许重复的键

D. 它的元素顺序是不可预测的

192

**相关知识**

Map 接口用于存储键值对映射关系的集合,每个元素都包含一对键和值。Map 接口具有以下特点。

(1) 键是唯一的,值可以重复。

(2) 可以根据键查找对应的值。

(3) 主要实现类有 HashMap、TreeMap 等。

1. HashMap

HashMap 是 Map 接口的常见实现类,它基于哈希表的数据结构,提供了高效的查找、插入和删除操作。

HashMap 示例代码如下:

```java
import java.util.HashMap;
import java.util.Map;
public class HashMapExample {
    public static void main(String[] args) {
        // 创建一个 HashMap
        Map<String, Integer> map = new HashMap<>();
        // 添加键值对
        map.put("Alice", 25);
        map.put("Bob", 30);
        map.put("Charlie", 22);
        // 根据键查找值
        int age = map.get("Bob");
        System.out.println("Bob's age is " + age);
        // 遍历键值对
        for (Map.Entry<String, Integer> entry : map.entrySet()) {
            System.out.println(entry.getKey() + " is " + entry.getValue() + " years old.");
        }
    }
}
```

HashMap 代码运行结果如图 7.12 所示。

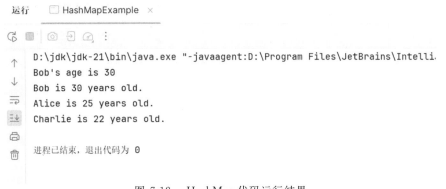

图 7.12　HashMap 代码运行结果

2. TreeMap

TreeMap 是 Map 接口的另一个实现类，是基于红黑树的数据结构，能够按自然顺序或自定义顺序对元素进行排序。与 HashMap 不同，TreeMap 会保持元素的有序性。

TreeMap 的特点如下。

（1）有序性。TreeMap 中的元素按照键的自然顺序（升序）或根据提供的比较器进行排序。这意味着在遍历 TreeMap 时以有序的方式访问元素。

（2）不允许重复键。与 HashMap 不同，TreeMap 不允许存储重复的键，每个键只能对应一个值。

（3）性能。TreeMap 提供了对插入、删除和查找操作的较高性能，其性能介于 HashMap 与 LinkedHashMap 之间。对于有序集合的需求，TreeMap 是一个很好的选择。

TreeMap 存储键值对示例代码如下：

```java
import java.util.TreeMap;
import java.util.Map;
public class TreeMapExample {
    public static void main(String[] args) {
        // 创建一个 TreeMap
        Map<String, Integer> treeMap = new TreeMap<>();
        // 添加键值对
        treeMap.put("Alice", 25);
        treeMap.put("Bob", 30);
        treeMap.put("Charlie", 22);
        // 遍历键值对,按键的升序顺序
        for (Map.Entry<String, Integer> entry : treeMap.entrySet()) {
            System.out.println(entry.getKey() + " is " + entry.getValue() + " years old.");
        }
    }
}
```

TreeMap 存储键值对运行结果如图 7.13 所示。

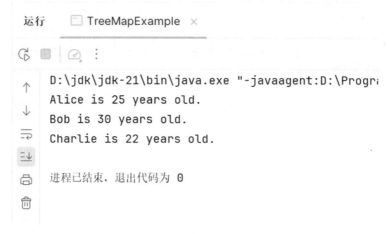

图 7.13　TreeMap 存储键值对运行结果

运行上述示例代码，可以发现输出的键值对按照键的升序顺序排列。这是 TreeMap 的特点，可以在有序集合中进行存储和查找操作。

总之，TreeMap 是一个有序的键值对存储容器，它提供了按键排序的功能，使得其在某些应用场景下非常有用，特别是需要有序性的需求。

### 任务训练

（1）设计一个 Java 程序，该程序使用 HashMap 和 TreeMap 来存储员工信息。每个员工信息包括员工 ID(键)、姓名、年龄和入职日期。程序应实现以下功能：

① 添加员工信息到 HashMap 和 TreeMap；

② 根据员工 ID 快速检索员工信息；

③ 按入职日期对员工信息进行排序，并输出排序后的员工列表；

④ 程序能够处理员工信息的添加、检索和排序，并能够展示 HashMap 和 TreeMap 在处理相同数据时的不同表现。

（2）编写一个 Java 方法 findOldestEmployee，该方法接收一个 HashMap 类型的参数，该参数存储了员工的姓名(键)和他们的出生年份(值)。方法应该返回出生年份最早的员工姓名。假设所有员工的姓名都是唯一的。方法应该考虑到 HashMap 不保证顺序，因此需要一种方法来确定最老的员工。方法不应该修改原始的 HashMap。

### 拓展知识

集合工具类 java.util.Collections 类提供了许多的静态方法，用于对集合进行操作，如排序、反转、查找等。它包含一些有用的工具方法来处理集合。

集合工具类 java.util.Collections 应用示例代码如下：

```java
import java.util.ArrayList;
import java.util.Collections;
import java.util.List;
public class CollectionsExample {
    public static void main(String[] args) {
        List < Integer > numbers = new ArrayList <> ();
        numbers.add(5);
        numbers.add(2);
        numbers.add(8);
        numbers.add(1);
        // 排序集合
        Collections.sort(numbers);
        System.out.println("Sorted list：" + numbers);
        // 反转集合
        Collections.reverse(numbers);
        System.out.println("Reversed list：" + numbers);
        // 查找最大值和最小值
        int max = Collections.max(numbers);
        int min = Collections.min(numbers);
        System.out.println("Max：" + max + ", Min：" + min);
    }
}
```

集合工具类
Collections

195

Collections 常用方法运行结果如图 7.14 所示。

运行　　　▢ CollectionsExample　✕

```
D:\jdk\jdk-21\bin\java.exe "-javaagent:D:\Program Files\JetBrain
Sorted list: [1, 2, 5, 8]
Reversed list: [8, 5, 2, 1]
Max: 8, Min: 1

进程已结束，退出代码为 0
```

图 7.14　Collections 常用方法运行结果

# 项目 8　物联网 IO 流

## 任务 8.1　认识 IO 流

**学习目标**

(1) 掌握 IO 流的概念。

(2) 掌握字节流、字符流的输入和输出。

(3) 掌握字节流与字符流的区别。

**工作任务**

分别使用字节流和字符流实现对 txt、png 文件的复制。

**课前预习**

(1) 以下属于面向字符的输入流的是(　　)。

A. BufferedWriter

B. FileInputStream

C. ObjectInputStream

D. InputStreamReader

(2) 如果要进行缓冲的字符输出,应该使用(　　)类。

A. BufferedInputStream

B. BufferedReader

C. BufferedWriter

D. FilterOutputStream

(3) 要从文件"file.dat"中读取第 10 个字节到变量 C 中,应该使用(　　)流操作。

A.FileInputStream in ＝ new FileInputStream("file.dat"); in.skip(9); int c ＝ in.read();

B.FileInputStream in ＝ new FileInputStream("file.dat"); in.skip(10); int c ＝ in.read();

C.FileInputStream in ＝ new FileInputStream("file.dat"); int c ＝ in.read();

D.RandomAccessFile in ＝ new RandomAccessFile("file.dat"); in.skip(9); int c ＝ in.readByte();

相关知识

IO 流中的 IO 是输入和输出(input 和 output)的意思,是用来处理设备与设备之间的数据传输的,不仅能处理内部设备(如 CPU、GPU、内存),还能处理外部设备(如手机与PC、客户端与服务器)。

在 Java 中定义数据按照流向分为输入流和输出流。首先了解输入流,凡是从外部流入的数据都可以通过输入流来处理,如读取文件。输出流表示从内部流出的数据,如编辑了一个文本文件,当按下 Ctrl + S 时,就将该文件从内存保存到了硬盘,这就是一个将数据从内存中输出到硬盘的过程。IO 流体系结构如图 8.1 所示。

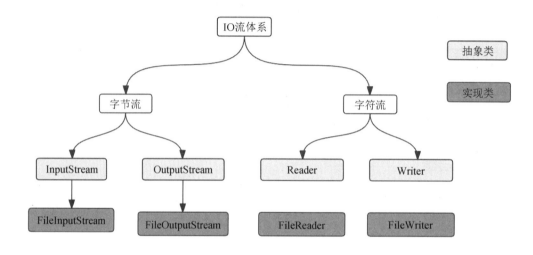

图 8.1　IO 流体系结构

### 1. 字节流的输入输出

字节是构成信息的一个小单位,是一组二进制码,通常是 8 位作为一个字节。字节是一种计量单位,表示数据量的大小,它是计算机信息技术用于计量存储容量的一种计量单位。可以理解成 8 位的二进制码就是一个字节。

(1) 使用字节流读取文件。

使用 FileInputStream 读取文件中的字节数据,步骤如下。

第一步:创建 FileInputStream 文件字节输入流管道,与源文件相通。

第二步:调用 read() 方法开始读取文件的字节数据。

第三步:调用 close() 方法释放资源。

使用字节流读取文件代码如下:

字节流的输入和输出

```
import java.io.FileInputStream;
import java.io.InputStream;
public class MyFileInputStream01 {
    public static void main(String args[]) throws Exception {
        // 1.创建文件字节输入流管道,与源文件相通
        InputStream is_stream = new FileInputStream(("d:\\\\Data\\\\01.txt"));
        // 2.开始读取文件的字节数据
        // public int read();每次读取一个字节返回,如果没有数据了,则返回-1。
        int b; // 用于记住读取的字节
        while ((b = is_stream.read()) != -1) {
            System.out.print((char) b);
        }
        //3.流使用完毕之后,关闭释放系统资源
        is_stream.close();
    }
}
```

（2）使用字节流将信息写入文件。

使用 FileOutputStream 向文件中写数据的步骤如下。

第一步：创建 FileOutputStream 文件字节输出流管道，与目标文件相通。

第二步：调用 wirte() 方法向文件中写数据。

第三步：调用 close() 方法释放资源。

使用字节流将信息写入文件代码如下：

```
import java.io.FileOutputStream;
import java.io.OutputStream;
public class MyFileInputStream01 {
    public static void main(String args[]) throws Exception {
        // 1.创建一个字节输出流管道与目标文件相通
        OutputStream os =
                new FileOutputStream("d:\\\\Data\\\\02.txt", true);
        // 2.开始写字节数据到文件中
        os.write(65); // 97 就是一个字节,代表 A
        os.write('a'); // 'a' 也是一个字节
        byte[] bytes = "强国有我".getBytes();
        os.write(bytes);// 一次写入一个字节数组
        // 换行符 \\r\\n
        os.write("\\r\\n".getBytes());
        //3.流使用完毕之后,关闭释放系统资源
        os.close(); // 关闭流
    }
}
```

（3）字节流案例——复制文件。

使用字节流复制文件代码如下：

```java
import java.io.FileInputStream;
import java.io.FileOutputStream;
import java.io.InputStream;
import java.io.OutputStream;
public class MyFileInputStream01 {
    public static void main(String args[]) throws Exception {
        // 需求:复制视频。
        // 1.创建一个字节输入流管道与源文件相通
        InputStream is = new FileInputStream("D:\\\\Data\\\\hadoop 平台介绍.mp4");
        // 2.创建一个字节输出流管道与目标文件相通
        OutputStream os = new FileOutputStream("D:\\\\Data\\\\hadoop 平台介绍 _ 副本.mp4");
        // 3.创建一个字节数组,负责转移字节数据
        byte[] buffer = new byte[1024];
        // 4.从字节输入流中读取字节数据,写出去到字节输出流中。读多少写出去多少
        int len; // 记住每次读取了多少个字节
        while ((len = is.read(buffer)) ! = -1){
            os.write(buffer,0, len);
        }
        //5.关闭流,释放系统资源,后创建的流先关闭
        os.close();
        is.close();
        System.out.println(" 复制完成!! ");
        // 其实这个程序不止可以复制视频,可以复制一切类型的文件,不会有乱码
    }
}
```

字符流的输入
和输出

### 2. 字符流的输入输出

给出一串二进制码,能分辨它的含义吗？是代表数字还是字母？一般来说,很难理解一串二进制码代表的含义,而且一串二进制码代表什么含义也无法很直观地表示出来。比较好识别的是文字、字母和符号。因此,就有了字符。字符是指计算机中使用的文字和符号,如 1、2、3、A、B、C 等。

（1）使用字符流读取文件。

使用 FileReader 读取文件中的字节数据,步骤如下。

第一步:创建 FileReader 文件字符输入流管道,与源文件相通。

第二步:调用 read() 方法开始读取文件的字符数据。

第三步:调用 close() 方法释放资源。

使用字符流读取文件代码如下：

```
import java.io. * ;
public class MyFileInputStream01 {
    public static void main(String args[]) throws Exception {
        //1.创建一个字符输入流管道与源文件相通
        Reader rd = new FileReader("d:\\\\Data\\\\01.txt");
        //2.开始读取文件中的字符数据
        int c;
        while((c = rd.read())! = -1){
            System.out.print((char)c);
        }
        //3.流使用完毕后,关闭释放系统资源
        rd.close();
    }
}
```

其中,read 方法主要有两种。read 的两个主要方法见表8.1。

表 8.1    read 的两个主要方法

| 序号 | 描述 |
| --- | --- |
| 1 | public int read() throws IOException<br>读取单个字符,返回一个 int 型变量代表读取到的字符 |
| 2 | public int read(char [] c, int offset, int len)<br>读取字符到 c 数组,返回读取到字符的个数 |

使用字符流读取文件代码中第二部读取文件中的字符数据,也可以改写成如下代码：

```
int len;
char c[] = new char[50];
while ((len = rd.read(c))! = -1){
    String mystr = new String(c);
    System.out.println(mystr);
}
```

（2）用字符流将字符写入文件。

使用 FileWriter 将字符写入文件中,步骤如下。

第一步：创建 FileWriter 文件字符输出流管道,与源文件相通。

第二步：调用 write() 方法将数据写入到文件中。

第三步：调用 close() 方法释放资源。

用字符流将字符写入文件,代码如下：

```
import java.io. * ;
public class MyFileInputStream01 {
    public static void main(String args[]) throws Exception {
        //1.创建一个字符输出流管道与源文件相通
        Writer wr = new FileWriter("d:\\\\Data\\\\01.txt",true);
        //2.开始将字符数据写入文件里
        String mystr =" 请党放心,强国有我! ";
        wr.write(mystr);
        String hh_str ="\\r\\n";// 写入换行符
        wr.write(hh_str);
        //3.流使用完毕后,关闭释放系统资源
        wr.close();
            }
        }
```

使用字符流也可以实现文件的复制,但复制后的文件会出现乱码。一般推荐使用字节流方式来实现文件的复制。

### 任务训练

(1) 将“Hello Java”字符串分别通过字节流和字符流写入 txt 文件中。

(2) 将一张图片分别通过字节流和字符流进行复制,观察复制后的图片是否有不一样的地方。

# 任务 8.2　读取云平台传感器数据,写入文件

### 学习目标

掌握通过 Java 代码读取云平台传感器数据的方法。

### 工作任务

将读取到的云平台传感器数据写入文件中。

### 课前预习

登录新大陆物联网云平台,查看传感器相关设备信息。

### 相关知识

登录物联网云平台后,可以查看到传感器名称为 temp 设备的信息。物联网云平台查看传感器信息如图 8.2 所示。

图 8.2    物联网云平台查看传感器信息

其温度信息如下：

```
{
    "ResultObj":{
        "Unit":"",
        "ApiTag":"temp",
        "Groups":1,
        "Protocol":0,
        "Name":" 温度",
        "CreateDate":"2023-10-28 11:15:15",
        "TransType":0,
        "DataType":0,
        "TypeAttrs":"",
        "DeviceID":828372,
        "SensorType":"temperature",
        "GroupID":null,
        "Coordinate":null,
        "Value":"28.0",
        "RecordTime":"2023-10-28 12:48:09"
    },
    "Status":0,
    "StatusCode":0,
    "Msg":null,
    "ErrorObj":null
}
```

203

读取云平台数据写入文件代码如下：

```java
public class GetMessage {
    //1.获得传感器温度信息函数
public static String get_wd() {
        final String url = "http://api.nlecloud.com/users/login";
        HttpClient httpClient = new DefaultHttpClient();
        HttpPost httpPost = new HttpPost(url);
        ArrayList < BasicNameValuePair > nameValue = new ArrayList <> ();
        BasicNameValuePair user = new BasicNameValuePair("Account", "15170187170");
        BasicNameValuePair password = new BasicNameValuePair("Password", "123456");
        nameValue.add(user);
        nameValue.add(password);
        HttpResponse response = null;
        String resultObj = null;
        try {
    httpPost.setEntity(new UrlEncodedFormEntity(nameValue, "UTF-8"));
            response = httpClient.execute(httpPost);
            HttpEntity entity = response.getEntity();
            String msg = EntityUtils.toString(entity, "UTF-8");
            JSONObject object = new JSONObject(msg);
            resultObj = object.getString("ResultObj");
        } catch (Exception e) {
            e.printStackTrace();
        }
        return resultObj;
}

    //2.将获得的温度信息写入文本文件中
    public static void Write_in(String txt_path,String content){
        // 1.创建一个字节输出流管道与目标文件相通。
        OutputStream os = new FileOutputStream(txt_path, true);
        // 2.将温度信息转换成字节数据写到文件中
        byte[] bytes = content.getBytes();
        os.write(bytes);// 一次写入一个字节数组
        // 换行符 \\r\\n
        os.write("\\r\\n".getBytes());
        //3.流使用完毕之后,关闭释放系统资源
```

```
        os.close(); // 关闭流
    }
    public static void main(String[] args){
        String WD_string = get_wd();// 获得传感器温度信息
        String txt_path = "d:\\\\data\\\\temp.txt";// 设置写入文件的路径
        Write_in(txt_path,WD_string);
    }
}
```

**任务训练**

读取云平台传感器数据,并且把读取到的传感器数据写入文件。

# 项目 9　实时更新数据

本项目利用多线程技术实时更新可用串口信息。利用串口采集到传感数据后,使用多线程技术控制三色灯轮流闪烁。通过本项目的学习,掌握在物联网系统的应用开发中如何创建线程、启动线程、停止线程等,同时了解线程同步和互斥的实际应用。

## 任务 9.1　实时更新可用串口列表

### 学习目标

(1) 会描述进程与线程的区别;会创建、启动、停止、合并线程。

(2) 会使用线程的同步和互斥技术。

(3) 能用多线程技术实现可用串口的实时更新。

### 工作任务

串口是物联网的应用系统比较重要的模块,经常用于研发调试和数据传输。物联网的应用程序应该知道有哪些 COM 口可用,以便选择对应的串口进行数据收发。本任务要求实现当检测到可用串口发生变化时,程序能收集到这些变化信息。

任务清单见表 9.1。

表 9.1　任务清单

| 任务要求 | 实现当监测到可用串口发生改变时,程序可以收集变化信息 |
| --- | --- |
| 所需设备 | PC×1,USB 转串口×1 |
| 技术点 | 使用 Java 多线程技术,正常使用串口通信包 |
| 注意 | 需要导入"RTXTcomm.jar"到项目库中并将解压后的 jar 包内的 rxtxParallel.dll 和 rxtxSerial.dll 放到 %JAVA_HOME%\\jre\\bin 目录下 |

### 课前预习

(1) 简述进程和线程的区别。

(2) 简述创建线程方式。

(3) Thread 类常用的方法有哪几种?

### 相关知识

#### 1. 进程与线程

当一个应用程序启动时,就有一个进程被操作系统创建。同时,一个主线程也立刻运行。运行中的程序称为一个进程(progress),每个进程中又可以包含多个顺序执行的流程,每个顺序执行的流程就是一个线程(thread)。

实时更新数据(任务1-1)

进程是资源(CPU、内存等)分配的基本单位,它是程序执行时的一个实例。程序运行时,系统就会创建一个进程,并为它分配资源,然后把该进程放入进程就绪队列,进程调度器选中它时就会为它分配 CPU 时间,程序开始真正运行。进程的优点是提高 CPU 运行效率,在同一时间内执行多个程序,即并发执行。但是从严格上讲,也不是绝对的同一时刻执行多个程序,只不过 CPU 在执行时通过时间片等调度算法不同进程高速切换。进程类似于人类,是被产生的,有或长或短的有效生命,可以产生一个或多个子进程,最终都要消亡。每个子进程都只有一个父进程。

线程是一条执行路径,是程序执行时的最小单位。它是进程的一个执行流,是 CPU 调度和分派的基本单位,一个进程可以由很多个线程组成,线程间共享进程的所有资源,每个线程有自己的堆栈和局部变量。线程由 CPU 独立调度执行,在多 CPU 环境下允许多个线程同时运行。同样,多线程也可以实现并发操作,每个请求分配一个线程来处理。线程是一条可以执行的路径,多线程就是同时有多条执行路径在同时(并行)执行。

进程与线程的区别如下。

(1) 容易创建新线程。但是,创建新进程需要重复父进程。

(2) 线程可以控制同一进程的其他线程。进程无法控制兄弟进程,只能控制其子进程。

(3) 进程拥有自己的内存空间。线程使用进程的内存空间,且要与该进程的其他线程共享这个空间,而不是在进程中给每个线程单独划分一点空间。

(4) 同一进程中的线程在共享内存空间中运行,而进程在不同的内存空间中运行。

(5) 线程可以使用 wait()、notify()、notifyAll() 等方法直接与其他线程(同一进程)通信,而进程需要使用"进程间通信(IPC)"来与操作系统中的其他进程通信。

通常,计算机的一个 CPU 在任意时刻只能执行一条机器指令,每个线程只有获得 CPU 的使用权才会被执行。当同一个程序中同时运行多个执行顺序完成不同的工作时,操作系统通过将 CPU 时间划分为时间片的方式,让进入就绪状态的线程轮流获得 CPU 的使用权,只不过这个时间片很短,使用户觉得多个线程在同时执行。

Java 的设计思想是建立在当前大多数操作系统都支持线程调度的基础上。Java 虚拟机的很多任务都依赖于线程调度,而且所有的类库都是为多线程设计的,所以必须掌握多线程的开发。

#### 2. Thread 类

Thread 类是一个线程类,其中常用的方法包括 start() 方法、run() 方法等。Thread 类的方法见表 9.2。

表 9.2　Thread 类的方法

| 方法 | 方法描述 |
|---|---|
| void start() | 使线程开始执行,Java 虚拟机调用此线程的 run() 方法 |
| long getId() | 返回此线程的标识符 |
| String getName() | 返回此线程的名称 |
| currentTread() | 获取当前线程 |
| void interrupt() | 中断这个线程 |
| void join() | 等待这个线程死亡 |
| void sleep(long millis) | 使当前正在执行的线程以指定的毫秒数暂停(暂时停止执行),具体取决于系统定时器和调度程序的精度和准确性 |
| void run() | 如果线程使用单独的 Runnable 运行对象构造,则调用该 Runnable 对象的 run() 方法;否则,此方法不执行任何操作并返回 |

打印 main 线程的线程 id 和线程名字的代码如下:

```java
public class Demo1{
    public static void main(String[] args){
        // 获取 main 线程 ID 及名字
        System.out.println(Thread.currentThread().getId());
        System.out.println(Thread.currentThread().getName());
    }
}
```

当程序运行后,main() 方法就是程序的主线程,可以用 getId() 获取线程号,用 getName() 获取线程名。

运行结果(main 线程 id 和 名称)如下:

```
1
main
```

### 3. 创建线程的两种方式

(1)继承 Thread 类,并重写 run() 函数。

将一个类声明为 Thread 的子类,重写 run() 方法,把线程执行的代码写在 run() 中,代码如下:

```java
public class MyThread extends Thread{
    @Override
    public void run() {
// 把该线程要执行的代码写在这里
    }
}
```

建立子类的实例对象,调用 start() 启动线程,代码如下:

```
MyThread thread = new MyThread();
thread.start();
```

创建一个线程,与主线程一起交替运行,代码如下:

```
public class Demo2{
    public static void main(String[] args){
        MyThread m = new MyThread();// 创建一个新线程对象
        m.start();// 启动新线程
        // m.run()
        // 主线程循环一次 线程休眠 1 s,让出 CPU 资源
        for(int i = 0;i < 10;i++){
            try {
                System.out.println(Thread.currentThread().getName() +" " + i);
                Thread.sleep(1000);
            }catch (InterruptedException e){
                e.printStackTrace();
            }
        }
    }
}
class MyThread extends Thread{
    @Override
    public void run(){
        for (int i = 0;i < 10;i++){
            try{
                System.out.println(Thread.currentThread().getName() +" " + i);
                Thread.sleep(1000);
            }catch (InterruptedException e){
                e.printStackTrace();
            }
        }
    }
}
```

用继承方式产生线程运行结果如图 9.1 所示。

```
1   Thread-0 0
2   main 0
3   Thread-0 1
4   main 1
5   Thread-0 2
6   main 2
7   Thread-0 3
8   main 3
9   Thread-0 4
10  main 4
11  Thread-0 5
12  main 5
13  Thread-0 6
14  main 6
15  Thread-0 7
16  main 7
```

主线程main和新线程Thread-0交替运行

图 9.1    用继承方式产生线程运行结果

上述代码用继承 Thread 类的方式创建了一个新线程,并且调用 start() 方法启动线程,线程启动后自动执行线程类中的 run() 方法。新线程和 main() 线程各执行 10 次,每执行一次线程就调用 sleep(1000) 休眠 1 s 让出 CPU 资源,两个线程竞争 CPU 资源,谁竞争到资源谁先运行。

需要注意的是,用 m.start() 的方式启动新线程。如果改成 m.run(),则代码如下:

```java
public class Demo2{
    public static void main(String[] args){
        MyThread m = new MyThread();// 创建一个新线程对象
        //m.start();// 启动新线程
        m.run()
        // 主线程循环一次 线程休眠 1 s,让出 CPU 资源
        for(int i = 0;i < 10;i++){
            try {
            System.out.println(Thread.currentThread().getName() +" " + i);
                Thread.sleep(1000);
            }catch (InterruptedException e){
                e.printStackTrace();
            }
        }
    }
}
class MyThread extends Thread{
    @Override
```

```
      public void run(){
         for (int i = 0;i < 10;i++){
            try{
System.out.println(Thread.currentThread().getName() +" " + i);
               Thread.sleep(1000);
            }catch (InterruptedException e){
               e.printStackTrace();
            }
         }
      }
   }
```

直接运行 run 方法运行结果如图 9.2 所示,程序并没有产生新的线程。

```
 1   main 0
 2   main 1
 3   main 2
 4   main 3
 5   main 4
 6   main 5
 7   main 6
 8   main 7
 9   main 8
10   main 9          调用线程的run()方法,并没有产生一个新的线程,只有main线程在运行
11   main 0
12   main 1
13   main 2
14   main 3
15   main 4
16   main 5
17   main 6
18   main 7
19   main 8
20   main 9
```

图 9.2    直接运行 run 方法运行结果

(2) 实现 Runnable 接口,并重写 run() 函数。

Java 是单继承的,在某些情况下一个类可能已经继承了某个父类,这时若该类想成为线程类,则用继承 Thread 类的方法来创建线程显然违反了 Java 的单继承规则。因此,Java 的设计者提供了另外一种方式创建线程,即通过实现 Runnable 接口来创建线程。

通过实现 Runnable 接口来创建线程的步骤如下。

① 创建一个类,该类实现 Runnable 接口并重写 run() 方法。

② 把线程执行的代码写在 run() 方法中。

③ 创建 Thread 对象时把实现 Runnable 接口的类的实例对象作为参数传递给 Thread 的构造方法。

④ 通过 Thread 对象的 start() 方法启动线程。

使用 Runnable 接口的实现类创建线程代码如下:

```
public class Demo3{
        public static void main(String[] args) {
            //1.创建一个 Runnable 对象
            MyRunnable r = new MyRunnable();
            //2.创建一个线程对象,把 Runnable 当构造参数传递进去
            Thread t = new Thread(r);
            //3.启动新线程
            t.start();
            //4.主线程循环一次 线程休眠 1 s,让出 CPU
            for (int i = 0; i < 10; i++) {
                try {
        System.out.println(Thread.currentThread().getName() + " " + i);
                    Thread.sleep(1000);
                } catch (InterruptedException e) {
                    e.printStackTrace();
                }
            }
        }
}

    class MyRunnable implements Runnable {
        @Override
        public void run() {
            for (int i = 0; i < 10; i++) {
                try {
        System.out.println(Thread.currentThread().getName() + " " + i);
                    Thread.sleep(1000);
                } catch (InterruptedException e) {
                    e.printStackTrace();
                }
            }
        }
    }
```

实现 Runnable 接口的线程运行结果如图 9.3 所示。

```
1   main 0
2   Thread-0 0
3   main 1
4   Thread-0 1
5   Thread-0 2
6   main 2
7   Thread-0 3
8   main 3
9   Thread-0 4
10  main 4
11  Thread-0 5
12  main 5
13  Thread-0 6
14  main 6
15  Thread-0 7
16  main 8
17  Thread-0 8
18  main 9
19  Thread-0 9
```

图 9.3　实现 Runnable 接口的线程运行结果

**任务实施**

实时更新数据(任务1—2)

### 1. 任务分析

(1) 创建工程,添加串口通信包。
(2) 编写获取所有串口的方法。
(3) 用线程实时获取可用串口。

### 2. 任务思路

整体思路是 Test 类中的 main 方法创建一个 GetComsThread 对象并启动线程,通过 GetComsThread 线程来调用 SerialPortManager 类中的 findPort 方法,不断获取可用串口列表,将结果存储到 List,然后打印输出。

### 3. 任务实施

(1) 搭建工程,添加串口通信包。

新建工程 project10_task1,由于用到了串口通信包,因此要先在项目中添加 RXTXcomm.jar 包(放在项目中的 libs 目录下,并添加到 build Path 中),同时还需要将解压后的 rxtxParallel dll 和 rxtxScrial.dll 两个文件放在 %JAVA_HOME%\\jre\\bin 目录下,这样该包才能被正常加载和调用。串口管理类、异常、工具类添加到工程中,项目结构如图 9.4 所示。

213

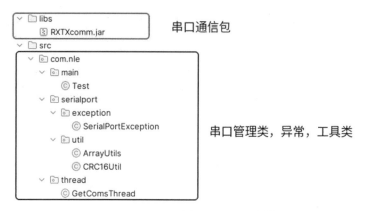

串口通信包

串口管理类，异常，工具类

图 9.4　项目结构

（2）编写获取所有串口的方法。

在类 SerialPortManager.java 中添加方法 findPort() 用于查找所有的串口，代码如下：

```
/* *
 * 查找所有可用端口
 * @return 可用端口名称列表
 */
public static final List < String > findPort() {
// 获得当前所有可用串口
@SuppressWarnings("unchecked")
Enumeration < CommPortIdentifier > portList = CommPortIdentifier.getPortIdentifiers();
// 将可用串口名添加到 List 并返回该 List
List < String > portNameList = new ArrayList < String > ();
while (portList.hasMoreElements()) {
String portName = portList.nextElement().getName();
portNameList.add(portName);
}
return portNameList;
}
```

上述代码使用RXTX包中提供的CommPortIdentifier.getPortIdentifiers()方法获取所有可用的串口 CommPortIdentifier 对象，该方法的返回值是一个枚举接口 CommPortIdentifier，实现枚举接口的对象生成一系列元素，一次一个。连续调用 nextElement() 方法返回系列的连续元素。hasMoreElements() 用于判断是否有更多的元素，如果有则返回真。getName() 用于获取所有的串口名字，通过遍历所有的可用串口，把串口的名字添加到集合 portNameList 中。

（3）用线程实时获取可用串口。

新建包 com.nle.thread，在包里新建线程类 GetComsThread，代码如下：

```
// 继承 Thread 类，重写 run 方法
public class GetComsThread extends Thread {
private SerialPortManager manager;
private List < String > coms；
public GetComsThread() {
manager = new SerialPortManager();
coms = new ArrayList();
}
@Override
public void run() { // 线程要执行的代码
while (true) { // 循环搜索
coms = manager.findPort();
System.out.println(" 可用的串口是:" + coms);
try {
Thread.sleep(1000);
} catch (InterruptedException e) {
// TODO Auto - generated catch block
e.printStackTrace();
}
}
}
}
```

上述代码在线程类的构造方法中对串口管理工具类对象 manager 进行了初始化，在 run() 方法中用 manager. findPort() 方法获取所有的串口，每次间隔 1 s 获取一次，并打印出所有可用的串口。

新建包 com.nle.main，在包里新建类 Test，在 main() 入口方法中调用线程并启用线程。运行 Test 类的 main 方法代码如下：

```
public class Test {
    public static void main(String[] args) {
        // 创建线程类的对象，并启动线程
    GetComsThread thread = new GetComsThread();
    thread.start();
}
}
```

### 4.运行结果

把 USB 转串口线接到 PC 的 USB 口,先验证计算机设备管理器中有哪些串口,然后运行程序,可以看到 COM3 口被列出来了。串口获取代码运行结果见表 9.3。

表 9.3    串口获取代码运行结果

| 设备管理器 > 端口(COM 和 LPT) | Silicon Labs CP210x USB to UART Bridge (COM3) |
| --- | --- |
| 集成开发环境控制台 | 可用的串口是[COM3] |

拔掉 USB 转串口线,可以看到程序输出的结果是没有可用的串口。至此,可用串口列表的实时更新就实现了。

#### 任务训练

按照表 9.1 的任务清单,实现当监测到可用串口发生改变时,程序可以实时显示变化信息。请用 Java 物联网程序编程控制实现。

#### 拓展知识

在早期的操作系统中并没有线程的概念,进程是拥有资源和独立运行的最小单位,也是程序执行的最小单位。任务调度采用的是时间片轮转的抢占式调度方式,而进程是任务调度的最小单位,每个进程有各自独立的内存空间,使得各个进程之间内存地址相互隔离。

随着计算机行业的发展,程序的功能设计越来越复杂,应用中同时发生着多种活动,其中某些活动随着时间的推移会被阻塞,如网络请求、读写文件等 I/O 操作。自然而然地会想到能否把这些应用程序分解成更细粒度、能准并行运行多个顺序执行实体,并且这些细粒度的执行实体可以共享进程的地址空间,也就是可以共享程序代码、数据、内存空间等。这样,程序设计模型会变得更加简单。

## 任务 9.2    使用 ADAM－4150 模块配合控制三色灯的闪烁

实时更新数据(任务2—1)

#### 学习目标

(1)熟练使用 ADAM－4150 模块的串口通信。
(2)熟练在 Java 应用中使用线程同步技术。

#### 工作任务

点亮三色灯,并让三色灯按指定顺序轮流闪烁模拟告警提示功能,任务清单见表 9.4。

表 9.4　　任务清单

| 任务要求 | 流水三色灯 |
|---|---|
| 所需设备 | PC×1,ADAM－4150×1,继电器×3,RS485 转 RS232USB×1,三色灯×1 |
| 技术点 | 1.搭建硬件环境,三色灯经过继电器,输入信号在 ADAM－4150 数字量采集器 DO0、DO1、DO2 口<br><br>2.连接指定设备,合理使用串口通信包,使用多线程同步技术控制三色灯按指定顺序灭 |
| 注意 | 1.需要导入"RTXTcomm.jar,并将解压后的 jar 包内的 rxtxParallel.dll 和 rxtxSerial.dll 放到 %JAVA_HOME%\\jre\\bin 目录下<br><br>2. 将 SeriaPortLIb.jar 也导入到项目库中 |

任务拓扑图如图 9.5 所示。

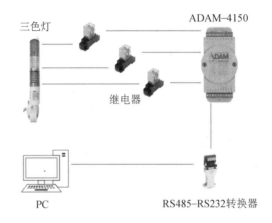

图 9.5　　任务拓扑图

### 课前预习

(1) 线程同步有几种方式?

(2) 简述线程同步与异步的区别和联系。

### 相关知识

#### 1. 为什么要使用线程同步?

在支持多线程的系统中,多个线程在并发运行时,会有同步(synchronization)的需求。同步包含两个方面:互斥(mutex)和协作(cooperation)。接下来写一个模拟下载的程序,用三个线程同时进行下载,以此来探讨多个线程交叉访问临界资源时可能遇到的问题和解决方法。

把将要下载的资源划分为三个部分:线程1负责1～30部分进度数据的下载,线程2负责31～60部分进度数据的下载,线程3负责61～100部分进度数据的下载。这就相当于三个线程在同时下载数据。

用三个线程模拟下载同一个资源的代码如下：

```
// 在线程中执行下载
public class MyDownload {
    private int currentProgress;// 总下载进度量
    Object obj = new Object()// 锁对象
    public static void main(String[] args){
        MyDownload frame = new MyDownload(); }
    public MyDownload(){
        currentProgress = 0;// 初始为 0
        Thread tl = new Thread(new MyDownloadThread(0, 30));
        Thread t2 = new Thread(new MyDownloadThread(31, 60));
        Thread t3 = new Thread(new MyDownloadThread(61, 100));
        tl.start();// 启动线程 1,下载 0 ~ 30 部分的数据
        t2.start(); // 启动线程 2,下载 31 ~ 60 部分的数据
        t3.start();// 启动线程 3,下载 61 ~ 100 部分的数据
    }
    class MyDownloadThread implements Runnable{
        private int begin;// 本线程开始下载的位置
        private int end;// 本线程结束下载的位置
        private int nowDownloadSize;// 本线程当前已下载的进度量
        // 通过构造方法控制每个线程开始和结束的位置
        public MyDownloadThread(int begin, int end){
            this.begin = begin;
            this.end = end;
            this.nowDownloadSize = 0;
        }
        @Override
        public void run() {
            for (int i = begin; i <= end; i++){
                this.nowDownloadSize++;// 当前线程下载进度量
                currentProgress++;// 三个线程共享全局的总下载进度量
                if (currentProgress > 100){
                    System.out.println(" 当前进度:下载完成");
                    break;
                }
                try{
                    Thread.sleep(1000);// 让线程休眠 1 s
                } catch (InterruptedException el) {
                    el.printStackTrace();
```

```
            }
                    System.out.println(" 总下载量 =" + currentProgress
                            +"％ 线程" " + Thread.currentThread().getId()
                            + " 下载了各自的:" + this.nowDownloadSize)；
            }
        }
    }
}
```

没有控制住共享变量的线程执行结果如图 9.6。

```
1    总下载量=3%  线程 19  下载了各自的: 1
2    总下载量=3%  线程 21  下载了各自的: 1
3    总下载量=3%  线程 20  下载了各自的: 1
4    总下载量=6%  线程 21  下载了各自的: 2
5    总下载量=7%  线程 19  下载了各自的: 2
6    总下载量=7%  线程 20  下载了各自的: 2
7    总下载量=9%  线程 21  下载了各自的: 3
8    总下载量=10% 线程 19  下载了各自的: 3
9    总下载量=10% 线程 20  下载了各自的: 3
10   总下载量=12% 线程 21  下载了各自的: 4
11   总下载量=13% 线程 19  下载了各自的: 4
12   总下载量=13% 线程 20  下载了各自的: 4
13   总下载量=15% 线程 21  下载了各自的: 5
14   总下载量=16% 线程 20  下载了各自的: 5
15   总下载量=16% 线程 19  下载了各自的: 5
16   总下载量=18% 线程 21  下载了各自的: 6
17   总下载量=19% 线程 19  下载了各自的: 6
18   总下载量=19% 线程 20  下载了各自的: 6
```

图 9.6　没有控制住共享变量的线程执行结果

观察程序的输出,可以发现不同的线程都下载了,但总下载量累计出错。这是因为多个线程间共享了成员变量 currentProgress。当线程 12 执行到代码 31 行处时,对变量 currentProgress 进行了加 1 的操作,然后执行到 37 行,该线程休眠了,此时线程没有输出下载总量的值。这时,另外一个线程也执行了 31 行,也做了加 1 的操作。当线程 12 休眠回来再次读取值时,读到了不正确的 currentProgress 数值。也就是说,该程序是非线程安全的程序。要解决这一问题,需保证一个线程在访问和修改 currentProgress 值的过程中不会被另一个线程"打扰",实现对共享资源 currentProgress 变量的互斥访问。

### 2. 同步代码块与同步方法

从上面的程序中可以看出,当多个线程在访问共享资源时,如果不对共享资源进行互斥管理,执行的结果可能不是读者预想的结果,原因是多个线程在操作共享的同一个数据的多条语句时,一个线程对多条语句只执行了一部分,还没有执行完,另一个线程就参与进来了,导致共享数据出现问题。

解决方法是让操作共享数据的多条语句,保证它们在一个线程中都执行完。在执行过程中,其他线程不能参与执行,称为互斥访问控制。Java 语言通过 Synchronized 同步代码块和同步方法实现对共享资源的互斥访问控制。Java 线程在进入这些同步方法或同步代码块语句标识的关键资源区时需要申请保护关键资源区的对象锁。离开关键资源区(包括出现异常时)释放该对象锁,如果该对象锁已经被别的线程锁定,则当前进入的线程被挂起等待。

(1)使用同步代码块。

```
synchronized(锁对象){
    // 关键资源代码
}
```

此时需要一把锁,这把锁可以是一个任意对象。它起到一个标志的功能,拥有这把锁的线程可以执行同步代码块中的代码。

(2)使用同步方法。

```
public synchronized void 方法名(){
    // 关键资源代码
}
```

任何线程进入同步代码块、同步方法之前,必须先获得对对象锁的锁定。持有锁的线程可以在同步中执行,没有持有锁的线程即使获得了 CPU 的执行权也无法进入,因为没有获取锁对象。

同步的前提如下:

① 必须有两个或两个以上的线程;

② 必须是多个线程使用同一把锁;

③ 必须保证同步中只能有一个线程在运行。

同步解决了线程安全的问题,但是每次都要判断锁,增加了开销,消耗了资源,不过这种消耗在允许的范围内。

用同步代码块实现线程安全的下载程序,代码如下:

```
@Override
    public void run(){
        for (int i = begin;i <= end;i++){
            synchronized(obj){
                this.nowDownloadSize++;// 当前线程下载量
                currentProgress++;// 三个线程共享全局的总下载量
                if (currentProgress > 100){
                    System.out.println(" 当前进度:下载完成");
                    break;
                }
                try{
```

```
                        Thread.sleep(1000);// 让线程休眠 1 s
                }
                catch (InterruptedException el)｛ el.printStackTrace();
                ｝
    System.out.println(" 总下载量 =" + currentProgress + "% 线程" + Thread.currentThread().
getId()
                        +" 下载了各自的;" + this.nowDownloadSize);
            ｝
        ｝ ｝
```

关键资源就是 run 方法中进行变量加 1 和访问变量的代码,用同步代码块来实现线程安全,锁对象用类内定义的 Object obj = new Object()。用同步代码块运行结果如图 9.7 所示。

```
1    总下载量=1% 线程 19 下载了各自的: 1
2    总下载量=2% 线程 19 下载了各自的: 2
3    总下载量=3% 线程 19 下载了各自的: 3
4    总下载量=4% 线程 19 下载了各自的: 4
5    总下载量=5% 线程 19 下载了各自的: 5
6    总下载量=6% 线程 19 下载了各自的: 6
7    总下载量=7% 线程 19 下载了各自的: 7
8    总下载量=8% 线程 19 下载了各自的: 8          用同步锁进行控制后,总下载量统计正确了
9    总下载量=9% 线程 19 下载了各自的: 9
10   总下载量=10% 线程 19 下载了各自的: 10
11   总下载量=11% 线程 19 下载了各自的: 11
12   总下载量=12% 线程 19 下载了各自的: 12
13   总下载量=13% 线程 19 下载了各自的: 13
14   总下载量=14% 线程 19 下载了各自的: 14
15   总下载量=15% 线程 19 下载了各自的: 15
16   总下载量=16% 线程 19 下载了各自的: 16
```

图 9.7　用同步代码块运行结果

用普通同步方法实现线程安全的下载程序,代码如下:

```
@Override
public void run(){
    for (int i = begin; i <= end; i++){
        show();
    }
}
public synchronized void show(){
    this.nowDownloadSize++;// 当前线程下载量
    currentProgress++;// 三个线程共享全局的总下载量
    if (currentProgress > 100){
        System.out.println(" 当前进度:下载完成");
```

221

```
                    return;
                }
                try{
                    Thread.sleep(1000);//让线程休眠 1 s
                } catch (InterruptedException el){
                        el.printStackTrace();
                }
        System.out.println(" 总 下 载 量 ＝ " + currentProgress + "% 线 程 " + " + Thread.
currentThread().getId() +
                                    "下载了各自的;"+ this.nowDownloadSize);
                }
```

　　用普通同步方法(非静态方法)来实现线程安全,同步方法的锁对象是 this。执行程序,采用同步代码块进行互斥后,三个线程同时正确下载并且总下载量的读数正确。同步方法锁对象分两种:普通实例方法的锁对象是 this;静态方法的锁对象要求类在它就在,所以可以用当前类的.class 当作锁对象。当多个线程不是用同一把锁时,无法保证线程安全。

　　用不同的锁不能实现线程安全,代码如下:

```
@Override
public void run() {
    for (int i = begin; i <= end; i++) {
        if (i % 2 == 0) {
            synchronized (obj) {
                this.nowDownloadSize++;// 当前线程下载量
                currentProgress++;// 三个线程共享全局的总下载量
                if (currentProgress > 100) {
                    System.out.println(" 当前进度:下载完成");
                    return;
                }
                try {
                    Thread.sleep(1000);// 让线程休眠 1 s
                } catch (InterruptedException el) {
                    el.printStackTrace();
                }
        System.out.println(" 总下载量＝" + currentProgress + "% 线程" + Thread.
currentThread().getId() +    "下载了各自的:" + this.nowDownloadSize);
            }
        } else {
            show();
```

```
                }
            }
        }
    public synchronized void show() {
        this.nowDownloadSize++;// 当前线程下载量
        currentProgress++;// 三个线程共享全局的总下载量
        if (currentProgress > 100) {
            System.out.println(" 当前进度:下载完成");
            return;
        }
        try {
            Thread.sleep(1000);// 让线程休眠 1 s
        }
    catch (InterruptedException el)
    {

                el.printStackTrace();

        }
        System.out.println(" 总下载量 =" + currentProgress + "% 线程" + Thread.currentThread().
getId() + " 下载了各自的:" + this.nowDownloadSize);
    }
```

上述代码利用变量 i 为奇偶数时执行同步方法或同步代码块,使用锁实现线程安全
运行结果如图 9.8 所示。

```
 1 | 总下载量=3% 线程19下载了各自: 1
 2 | 总下载量=3% 线程20下载了各自: 1
 3 | 总下载量=3% 线程21下载了各自: 1
 4 | 总下载量=5% 线程20下载了各自: 2
 5 | 总下载量=5% 线程19下载了各自: 2
 6 | 总下载量=7% 线程21下载了各自: 2
 7 | 总下载量=7% 线程20下载了各自: 3
 8 | 总下载量=9% 线程19下载了各自: 3
 9 | 总下载量=9% 线程21下载了各自: 3
10 | 总下载量=11% 线程19下载了各自: 4
11 | 总下载量=11% 线程20下载了各自: 4
12 | 总下载量=13% 线程20下载了各自: 5
13 | 总下载量=13% 线程19下载了各自: 5
14 | 总下载量=15% 线程19下载了各自: 6
15 | 总下载量=15% 线程21下载了各自: 4
16 | 总下载量=17% 线程21下载了各自: 5
17 | 总下载量=17% 线程19下载了各自: 7
18 | 总下载量=19% 线程19下载了各自: 8
```

同时用同步方法和同步代码块,因为同
步方法的锁对象是this,同步代码的锁对
象是Obj,锁不同,不能保证线程安全,
所以总下载量又统计不准确了

223

图 9.8　使用锁实现线程安全运行结果

3. wait 与 notify

除 synchronized 机制外,Java 还使用 wait、notify 信号机制在线程之间进行通信,以保证它们的正常运行顺序。

wait()、notify()、notifyAll() 都不属于 Thread 类,而是属于 Object 基础类,也就是每个对象都有 wait()、notify()、notifyAll() 的功能,因为每个对象都有锁,锁是每个对象的基础,当然操作锁的方法也是最基础的了。

当需要调用以上的方法时,一定要对竞争资源进行加锁,如果不加锁,则会出现 IlegalMonitorStateException 异常。当想要调用 wait() 进行线程等待时,必须取得所加锁对象的控制权(对象监视器),一般是将代码放到 synchronized(obj) 代码中。

wait() 和 notify() 在两个独立的线程之间使用,而 notifyAll() 可以通知所有正处于等待状态的线程。

一旦程序被分成几个逻辑线程,就必须清晰地知道这些线程之间如何相互通信。Java 提供了 wait 和 notify 等功能来使线程之间相互交谈。一个线程可以进入某个对象的 synchronized 方法并进入等待状态,直到其他线程显式地将它唤醒。可以有多个线程进入同一个方法并等待同一个唤醒消息。

**任务实施**

### 1. 任务分析

(1)创建工程,添加串口通信包和串口管理工具包。
(2)控制三色灯的亮和灭。
(3)用多线程技术控制三色灯按指定顺序亮灭。
(4)测试三色灯是否按指定顺序轮流闪烁。

### 2. 任务思路

首先,代码中定义了一个 ADAM-4150 类,该类用于与 ADAM-4150 模块进行通信和控制。该类包含了一些常量和变量,还定义了一些方法,如 flashStatus 用于解析从串口读取的数据并存储在 actionStatus 中,getChangeStatus 用于获取输入口状态的变化并通过回调接口传递给调用者,getStatus 用于获取指定输入口的状态,sendCommand 用于向串口发送命令,controllOut 用于控制输出口的状态,getDOCommand 用于生成输出口控制命令。

FlickThread 类是一个继承自 Thread 的线程类,用于控制灯的闪烁,它接受一个颜色参数和两个对象作为参数。在 run 方法中,通过调用 Test 类的 lampFlick 方法控制灯的打开和关闭,然后通过 waitObj 和 notifyObj 实现线程的等待和唤醒,以实现灯的同步闪烁。

Test 类用于控制灯的闪烁。在 main 方法中,首先创建了一个 SerialPortManager 对象和一个 SerialPort 对象,用于与串口进行通信;然后创建了一个 ADAM-4150 对象;接着创建了三个对象 obj1、obj2 和 obj3,用于实现三个灯的同步闪烁;再创建了三个 FlickThread 线程,分别控制红、绿、黄三个灯的闪烁,每个线程通过传递不同的对象来实现同步;最后启动三个线程,让三个灯开始闪烁。

整体实现原理就是通过 ADAM−4150 类与 ADAM−4150 模块进行通信,控制灯的打开和关闭,通过 FlickThread 类实现灯的同步闪烁。

实时更新数据(任务2−2)

### 3. 任务实施

(1) 创建工程,添加串口通信包和串口管理工具包。

创建工程 project10_task2,把串口通信包、串口管理工具类和 ADAM−4150 管理类添加进来,项目结构如图 9.9 所示。

- libs
    - RXTXcomm.jar
    - SerialPortLib.jar    串口通信包RXTX和串口管理工具类
- src
    - com.nle
        - ADAM4150    ADAM4150管理类
        - FlickThread    控制三色灯的线程
        - Test    测试类

图 9.9    项目结构

(2) 控制三色灯的亮与灭,按指定顺序轮流闪烁。

三色灯的红、绿、黄灯经过继电器后,输入信号接在 ADAM−4150 数字量采集器的 DO0、DO1、DO2 口。

在 Test 类里添加常量 RED_CHANNELID、GREEN_CHANNELID、YELLOW_CHANNELID 分别代表三个灯所接的 DO 口,通过方法 lampFlick(char color) 让三个灯按传入的颜色亮与灭。

在 main() 方法中初始化串口管理对象,打开串口,初始化 ADAM−4150 对象,初始化三个锁对象,初始化三条闪烁线程后启动线程,代码如下:

```
import com.nle.serialport.SerialPortManager;
import gnu.io.SerialPort;
public class Test {
    private static final int RED_CHANNELID = 0;// 红灯
    private static final int GREEN_CHANNELID = 1;// 绿灯
    private static final int YELLOW_CHANNELID = 2;// 黄灯
    private static SerialPortManager manager;
    private static SerialPort serialPort ;
    private static ADAM−4150 adam4150;
    public static void main(String[] args) throws Exception {
     try {
```

```
            manager = new SerialPortManager();// 创建串口通信对象
            // 绑定本地连接上的串口设备名称"COM3",通信端口 9600
            serialPort = manager.openPort("COM3", 9600);
            adam4150 = new ADAM－4150(manager,serialPort);
            // 初始化三个锁对象
            Object obj1 = new Object();
            Object obj2 = new Object();
            Object obj3 = new Object();
            // 初始化三条闪烁线程
            FlickThread thread1 = new FlickThread('r', obj1, obj2);
            FlickThread thread2 = new FlickThread('g', obj2, obj3);
            FlickThread thread3 = new FlickThread('y', obj3, obj1);
            // 开始线程  （暂歇性启动线程）
            thread1.start();
            Thread.sleep(1000);
            thread2.start();
            Thread.sleep(1000);
            thread3.start();
        } catch (Exception e) {
            e.printStackTrace();
        }
}
/ * *
* 三色灯亮与灭
* @param color 三色灯中指定颜色的灯
* @throws Exception
* 控制灯的闪烁,接受指定参数,控制对应通道的打开关闭
* /
public static void lampFlick(char color) throws Exception {
//   接受指定参数,灯闪烁一段时间后关闭
    switch (color) {
        case 'r':
            adam4150.controllOut(RED_CHANNELID, true);
            Thread.sleep(500);
        adam4150.controllOut(RED_CHANNELID, false);
            break;
        case 'g':
        adam4150.controllOut(GREEN_CHANNELID, true);
            Thread.sleep(500);
        adam4150.controllOut(GREEN_CHANNELID, false);
```

```
        break;
    case 'y':
        adam4150.controllOut(YELLOW_CHANNELID, true);
        Thread.sleep(500);
        adam4150.controllOut(YELLOW_CHANNELID, false);
        break;
    }
}
}
```

（3）用多线程技术控制三色灯按指定顺序亮灭。

在线程 FlickThread 的构造方法中传入三色灯的颜色、等待锁对象和唤醒锁对象，在 run() 方法中用锁对象控制线程的顺序，代码如下：

```
public class FlickThread extends Thread{
private char color;// 颜色属性
private Object waitObj;// 线程等待对象
private Object notifyObj;// 线程唤醒对象
private boolean isStop;// 线程状态
public boolean isStop() {return isStop;}
public void setStop(boolean isStop) {this.isStop = isStop;}
// 当实例化 FlickThread 对象时，携带参数赋值给各属性
public FlickThread(char color, Object waitObj, Object notifyObj) {
this.color = color;
this.waitObj = waitObj;
this.notifyObj = notifyObj;
}
@Override
public void run() {
while(! isStop) {
try { // 同步代码块
//1.调用控制灯的方法，点亮指定灯
Test.lampFlick(color);
Thread.sleep(500);
//2.如果获取到 notifyObj 锁，唤醒所有线程
synchronized (notifyObj) {
notifyObj.notifyAll();
}
//3.如果获取到 waitfyObj 锁，则线程等待
synchronized(waitObj){
```

227

```
waitObj.wait();
}
} catch (InterruptedException e) {
e.printStackTrace();
} catch (Exception e) {
e.printStackTrace();
}
}
}
}
```

（4）ADAM－4150 管理类。

ADAM－4150 管理类的使用代码如下：

```
import java.util.Arrays;
import com.nle.serialport.SerialPortManager;
import com.nle.serialport.exception.SerialPortException;
import com.nle.serialport.util.ArrayUtils;
import com.nle.serialport.util.CRC16Util;
import gnu.io.SerialPort;
//ADAM－4150 I/O 控制器
public class ADAM－4150 {
/** 有 7 个输入口 */
public static final int DI_COUNT = 7;
/** 有 8 个输出口 */
public static final int DO_COUNT = 8;
/** 串口管理类 */
private SerialPortManager manager;
/** 串口对象 */
private SerialPort serialPort;
/** 每个输入口的状态 */
private Boolean[] actionStatus;
/** ADAM－4150 查询状态指令 */
public static final String SEARCH_COMMAND = "01 01 00 00 00 07 7D C8";
private static final String HEAD = "01 05 00";
private static final String OPEN = "FF";
private static final String CLOSE = "00";
private static final String RETURN_HEAD = "010101";
/** 回调采集到的传感数据的接口 */
private Controller contrlooer;
```

```java
public interface Controller {
/* *
 * 传送 ADAM 对应输入口采集到的数字量传感器的数据
 * @param index ADAM 对应的 DI 口 DI0 对应下标 0
 * @param flag   ADAM 对应的 DI 口采集到的传感器数据
 */
void comm(Integer index, Boolean flag);
}
public ADAM-4150(SerialPortManager manager, SerialPort serialPort) {
this.manager = manager;
this.serialPort = serialPort;
actionStatus = new Boolean[7];// 输入口只有 7 个:DI0 ~ DI6;
}
/* *
 * 分析 ADAM-4150 采集到的数据并存放在 actionStatus 中
 * @param data 从串口读取到的数据
 * @return 是否有采集到结果
 */
private boolean flashStatus(byte[] data) {
if (data == null){
    return false;
}
String result = ArrayUtils.toHexString(data);
System.out.println(" 采集结果:"+ result);
// 查找回应值数据头的下标
int statusIndex = result.indexOf(RETURN_HEAD);
// 如果找到了
if (statusIndex ! = -1) {
int beginIndex = RETURN_HEAD.length();
// 截取数据值
String status = result.substring(statusIndex + beginIndex, statusIndex + beginIndex + 2);
// 转成 16 进制
int statusNum = Integer.valueOf(status, 16);
System.out.println("statusNum ="+ statusNum);
int bitVerify = 1;
for (int i = 0; i < actionStatus.length; i++) {
// 取出每一个位的 0 或 1 值,存放到 actionStatus 中
actionStatus[i] = (statusNum & bitVerify) ! = 0;
// 通过位移的方式取每一位的值
bitVerify <<= 1;
```

```java
    }
  }
  return true;
}
/**
 * 获取 ADAM-4150 七个输入口的状态改变值
 * @param data 采集到的传感器数据
 * @param contrlooer 回调接口用于把数据传给调用者
 */
public void getChangeStatus(byte[] data, Controller contrlooer) {
// 1.处理采集回来的传感器数据并存放在 actionStatus 中
flashStatus(data);
// 2.存放 ADAM-4150 七个输入口传感器的值
Boolean[] actionStatusOld = new Boolean[7];
// 3.判断各个输入口传感器的值是否改变了
for (int i = 0; i < actionStatus.length; i++) {
if (actionStatus[i] != actionStatusOld[i]) {
//4. 如果传感器数据值发生了改变,就将新的传感器的值传出去供外部调用,外部负责处理数据
contrlooer.comm(i, actionStatus[i]);
}
}
//5.把传感器的值记录下来
actionStatusOld = Arrays.copyOf(actionStatus, actionStatus.length);
}
/**
 * 获取指定输入口的状态
 *
 * @param channelNo 输入口的通道号 0 ~ 6
 * @return
 */
public Boolean getStatus(int channelNo) {
return actionStatus[channelNo];
}
/**
 * 向串口发送命令
 *
 * @param command
 * @return
 */
```

```
public boolean sendCommand(String command) {
    boolean isOk = manager.sendToPort(serialPort，ArrayUtils.toByteAry(command));
return isOk；
}
/**
* 控制输出口
* @param channelId 数据口编号 0 ~ 6
* @param isActive 是否动作
* @return 是否成功
*/
public boolean controllOut(int channelId，boolean isActive)  {
// 生成控制指令
String command = getDOCommand(channelId，isActive)；
    // 发控制指令
boolean isOk = sendCommand(command)；
    return isOk；
}
/**
* 生成 ADAM-4150 输出口控制命令
* @param channelId DO 口编号 0 ~ 7
* @param isOpen 是否要动作
* @return
*/
public static String getDOCommand(int channelId，boolean isOpen) {
StringBuilder command = new StringBuilder(HEAD)；
command.append(" ").append(Integer.toHexString(0x10 + channelId))；
    command.append(" ").append(isOpen ？ OPEN : CLOSE)；
    String readData = "00"；
    command.append(" ").append(readData)；
byte[] bAry = ArrayUtils.toByteAry(command.toString())；
String crc = Integer.toHexString(CRC16Util.calcCrc16(bAry))；
    command.append(" ").append(crc.substring(0，2))；
    command.append(" ").append(crc.substring(2，4))；
return command.toString()；
}
}
```

运行 Test 类 main() 方法,可以看到三色灯按指定的顺序亮和灭。

任务训练

（1）编写 Java 应用，同步代码块实现线程安全的下载程序，请用 Java 物联网程序编程控制实现。

（2）按照表 9.4 的任务清单搭建硬件环境，实现 ADAM－4150 模块三色灯按指定顺序轮流闪烁模拟告警提示功能。

拓展知识

在当今的信息化时代，数据更新和数据库交互已成为各类应用程序的核心功能。Java 可以通过 Java 数据库连接（Java database connectivity，JDBC）接口与数据库进行交互。JDBC 是 Java 中用于访问关系型数据库的一种标准 API，它提供了一组方法来连接数据库、执行 SQL 语句、获取查询结果等。

下面是一些实现 Java 实时更新数据库的关键步骤。

（1）建立数据库连接。

使用 Java 的 JDBC API 建立与数据库的连接。这可以通过调用 DriverManager 类的 getConnection() 方法来完成。

（2）执行 SQL 查询。

使用 SQL 语句从数据库中读取数据。Java 中的 Statement 和 PreparedStatement 类可以用于执行 SQL 查询。当数据发生变化时，可以执行相应的 SQL 语句来更新数据库。

（3）监听数据库变化。

为实现实时更新，需要监听数据库中的变化。这可以通过使用数据库的触发器或使用 Java 程序定时查询数据库来实现。

（4）更新数据。

当数据库中的数据发生变化时，Java 程序需要立即更新数据。这可以通过使用 Java 的集合类（如 ArrayList 和 HashMap）来存储数据，并在数据发生变化时更新这些集合类。

在更新数据时，需要注意一些常见的问题，如 SQL 注入攻击和异常处理。为防止 SQL 注入攻击，可以使用 PreparedStatement 类来执行带参数的 SQL 语句。对于异常处理，需要在代码中捕获并处理可能出现的异常，以确保程序的稳定性。

# 项目 10　网络与定位技术的使用

在物联网的世界中,网络与定位技术是至关重要的支柱,它们共同构成了物与物、物与人之间无缝连接的桥梁。网络技术的运用使得各类设备能够实时交换信息,实现智能化管理与控制。定位技术则能够精准地确定物体的位置,为各类应用提供空间信息支持。

本项目将探讨网络与定位技术在物联网中的应用,介绍网络通信、网络编程、北斗卫星定位系统和云平台的使用。

通过本项目的学习,读者将能够深入理解网络与定位技术在物联网中的重要性及应用方法,为未来的物联网技术创新与应用奠定坚实的基础。

## 任务 10.1　利用北斗定位模块获取地理数据

**学习目标**

(1) 了解网络通信基本概念。
(2) 了解网络编程。
(3) 通过 TCP 通信获取地理数据。

**工作任务**

地理位置获取:调用北斗定位模块提供的接口,获取当前设备的地理位置信息,包括经纬度、海拔高度等。

**课前预习**

(1) 什么是网络通信?
(2) 网络通信常用的协议有哪些?
(3) 地理数据有哪些应用场景?

**相关知识**

### 1. 网络通信基础知识

在 Java 中,开发网络通信程序首先要了解以下基础知识。

利用北斗定
位模块获取
地理位置

计算机网络是指将地理位置不同的具有独立功能的多台计算机及其外部设备通过通信线路连接起来,在网络操作系统、网络管理软件及网络通信协议的管理和协调下,实现资源共享和信息传递的计算机系统。网络编程可以让当前设备的程序与网络上其他设备中的程序进行数据交互。

### 2. 网络编程的三要素

(1)IP 地址。

IP 地址全称是互联网协议地址,是分配给上网设备的唯一标志。

常见的 IP 分类为 IPv4 和 IPv6,见表 10.1。

表 10.1　IPv4 和 IPv6 分类

| | IPv4 | IPv6 |
|---|---|---|
| 地址长度 | IPv4 协议具有 32 bit(4 B)地址长度 | IPv6 协议具有 128 bit(16 B)地址长度 |
| 格式 | nnn.nnn.nnn.nnn。其中,0≤nnn≤255 | xxxx:xxxx:xxxx:xxxx:xxxx:xxxx:xxxx:xxxx。其中,x 为十六进制 |
| 数量 | 共 43 亿,在 2011 年已经用尽 | 多到可以为每一台上网设备分配地址 |

Java 网络编程中,InetAddress 类表示互联网协议地址。InetAddress 常用方法摘要见表11.2。

表 10.2　InetAddress 常用方法摘要

| byte[] getAddress() | 返回此 InetAddress 对象的原始 IP 地址 |
|---|---|
| InetAddress getByName(String host) | 在给定主机名的情况下确定主机的 IP 地址 |
| String getHostAddress() | 返回 IP 地址字符串(以文本表现形式) |
| String getHostName() | 获取此 IP 地址的主机名 |
| static InetAddress getLocalHost() | 返回本地主机 |

在 Windows 系统下,可以使用 Dos 命令 ipconfig 查看本机 ip 地址,在程序中可以使用 InetAddress 获取本机 IP 和主机名,代码如下:

```
import java.net.InetAddress;
import java.net.UnknownHostException;
public class TestIP {
    public static void main(String[] args) throws UnknownHostException {
        //InetAdress 类表示 IP 地址
        // 获取本机 IP
        InetAddress ip = InetAddress.getLocalHost();
// ADMINISTRATOR/192.xxx.xxx.xxx
        System.out.println(ip);
        // 获得主机名
```

```
System.out.println(ip.getHostName());// ADMINISTRATOR
// 获得 IP 地址
System.out.println(ip.getHostAddress());// 192.xxx.xxx.xxx
//getLocalHost = getHostName + getHostAddress
System.out.println(InetAddress.getByName("localhost"));
    }
}
```

（2）端口号。

IP 地址可以用来标识一台计算机，但一台计算机上可能提供多种网络应用程序。如何区分这些不同的程序呢？这就需要用到端口。

端口号用于标识正在计算机设备上运行的进程（程序），它被规定为一个 16 位的二进制，范围是 0 ～ 65 535。

当网络软件运行时，操作系统为网络软件分配一个随机的端口号，或在程序运行时向系统请求指定的端口号。使用 IP 地址和端口号可以保证数据准确无误地发送到对方计算机的指定程序中。

端口类型包括以下几种。

① 周知端口。0 ～ 1 023，被预先定义的知名应用占用（如 HTTP 占用 80，FTP 占用 21）。

② 注册端口。1 024 ～ 49 151，分配给用户进程或某些应用程序（如 Tomcat 占用 8 080，MySQL 占用 3 306）。

③ 动态端口。49 152 ～ 65 535，之所以称为动态端口，是因为它一般不固定分配某种进程，而是动态分配。

在程序开发过程中需要注意，程序应当选择注册端口，并且同一台设备中不能出现两个端口号相同的程序，否则会出现端口冲突的错误。

在 Windows 系统下可使用 Dos 命令查看端口号。查看端口的 Dos 命令见表 10.3。

表 10.3    查看端口的 Dos 命令

| netstat — ano | 查看所有端口 |
| --- | --- |
| netstat — ano | findstr" 端口号" | 查看指定端口 |
| tasklist | findstr" 端口号" | 查看指定端口的进程 |

在 Java 程序设计中，InetSocketAddress 类实现 IP 套接字地址（即 IP 地址＋端口号），其构造方法摘要和常用方法摘要见表 10.4 和表 10.5。

表 10.4    构造方法摘要

| InetSocketAddress(InetAddress addr, int port) | 根据 IP 地址和端口号创建套接字地址 |
| --- | --- |
| InetSocketAddress(int port) | 创建套接字地址，其中 IP 地址为通配符地址，端口号为指定值 |
| netSocketAddress(String hostname, int port) | 根据主机名和端口号创建套接字地址 |

表 10.5　常用方法摘要

| InetAddress getAddress() | 获取 InetAddress |
| --- | --- |
| String getHostName() | 获取 hostname |
| int getPort() | 获取端口号 |

　　InetSocketAddress 类用于封装一个 IP 地址和一个端口号,这通常在网络编程中用于指定一个网络服务的地址,其代码如下所示:

```java
import java.net.InetAddress;
import java.net.InetSocketAddress;
public class TestPort {
    public static void main(String[] args) {
        InetSocketAddress inetSocketAddress = new InetSocketAddress("127.0.0.1",8082);
        System.out.println(inetSocketAddress);
        // 返回主机名
        System.out.println(inetSocketAddress.getHostName());
        // 获得 InetSocketAddress 的端口
        System.out.println(inetSocketAddress.getPort());
        // 返回一个 InetAddress 对象(IP 对象)
        InetAddress address = inetSocketAddress.getAddress();
        System.out.println(address);
    }
}
```

　　(3) 协议。

　　连接和数据通信的规则称为网络通信协议。

　　通信协议的实现比较复杂,java.net 包中包含的类和接口提供低层次的通信细节。在实际应用中,开发人员可以直接使用这些类和接口来专注于网络程序开发,而不需要考虑通信的细节。

　　java.net 包中提供了两种常见的网络协议的支持:传输控制协议(transmission control protocol,TCP)和用户数据报协议(user datagram protocol,UDP)。

　　TCP 是可靠的连接,类似于拨打电话,需要先打通对方电话,等待对方有回应后才会跟对方继续交流,也就是一定要对方确认可以发送数据以后才会将数据发出。TCP 传输任何数据都是可靠的,只要两台机器上建立起了连接,在本机上发送的数据就一定能传到对方的机器上。

　　UDP 就好比广播,数据发送后有没有接收者及接收者是否收到正确的数据都不能得到保证,所以相对而言,UDP 是不可靠的连接。

3. TCP

TCP 是一种面向连接的、可靠的、基于字节流的传输层通信协议。

在 TCP 连接中必须要明确客户端和服务器端,由客户端向服务器端发出连接请求,每次连接的创建都需要经过"三次握手"。TCP 连接三次握手如图 10.1 所示。

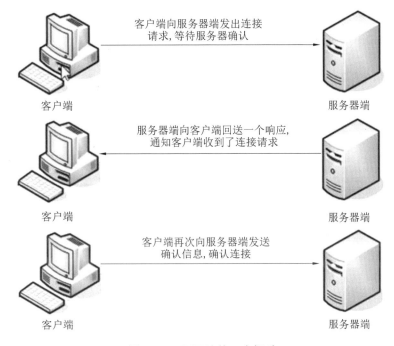

图 10.1　TCP 连接三次握手

第一次握手,客户端发送 SYN(SEQ＝x)报文给服务器端,进入 SYN_SEND 状态(客户端向服务器端发出连接请求,等待服务器确认)。

第二次握手,服务器端收到 SYN 报文,回应一个 SYN (SEQ＝y)ACK(ACK＝x＋1)报文,进入 SYN_RECV 状态(服务器端向客户端回送一个响应,通知客户端收到了连接请求)。

第三次握手,客户端收到服务器端的 SYN 报文,回应一个 ACK(ACK＝y＋1)报文,进入 Established 状态(客户端再次向服务器端发送确认信息,确认连接)。

三次握手完成后,TCP 客户端与服务器端成功地建立连接,即可开始传输数据。

若 TCP 的客户端与服务器端断开连接,则需要四次挥手。TCP 断开连接四次挥手如图 10.2 所示。

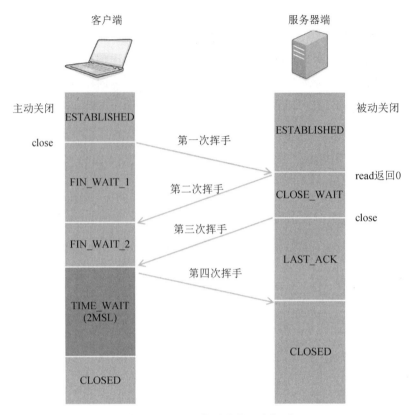

图 10.2    TCP 断开连接四次挥手

客户端打算关闭连接，此时会发送一个 TCP 首部 FIN 标志位被置为 1 的报文，即 FIN 报文，然后客户端进入 FIN_WAIT_1 状态。

服务器端收到该报文后，就向客户端发送 ACK 应答报文，接着服务器端进入 CLOSED_WAIT 状态。客户端收到服务器端的 ACK 应答报文后进入 FIN_WAIT_2 状态。

等待服务器端处理完数据后，也向客户端发送 FIN 报文，然后服务器端进入 LAST_ACK 状态。客户端收到服务器端的 FIN 报文后，回复一个 ACK 应答报文，然后进入 TIME_WAIT 状态。

服务器端收到了 ACK 应答报文后，就进入了 CLOSE 状态，至此服务器端已经完成连接的关闭。客户端在经过 2MSL 一段时间后自动进入 CLOSE 状态，至此客户端完成连接的关闭。

编写程序实现两端 TCP 通信，需要先启动服务器，等待客户端连接，然后有客户端主动连接服务器。在 Java 中提供了两个类用于实现 TCP 通信。

（1）客户端。java.net.Socket 类表示。创建 Socket 对象，向服务端发出连接请求，服务端响应请求，二者建立连接开始通信。

（2）服务器端。java.net.ServerSocket 类表示。创建 ServerSocket 对象，相当于开启一个服务，并等待客户端的连接。

Socket 类实现客户端套接字。套接字是指两台设备之间通信的端点。

ServerSocket 类实现了服务器套接字,该对象等待通过网络的请求。

Java 实现 TCP 通信的案例演示代码如下。

客户端代码:

```java
import java.io.IOException;
import java.io.OutputStream;
import java.net.InetAddress;
import java.net.Socket;
public class TCPClient {
    public static void main(String[] args){
        Socket socket = null;
        OutputStream os = null;
        try {
            //1.创建Socket对象,它的第一个参数需要的是服务端的IP,第二个参数是服务端
的端口
            InetAddress inet = InetAddress.getByName("127.0.0.1");
            socket = new Socket(inet,8090);
            //2.获取一个输出流,用于写出要发送的数据
            os = socket.getOutputStream();
            //3.写出数据
            os.write(" 你好,我是客户端! ".getBytes());
        } catch (IOException e) {
            e.printStackTrace();
        } finally {//4.释放资源
            if(socket! = null){
                try {
                    socket.close();
                } catch (IOException e) {
                    e.printStackTrace();
                }
            }
            if(os! = null){
                try {
                    os.close();
                } catch (IOException e) {
                    e.printStackTrace();
                }
            }
        }
    }
}
```

服务器端代码：

```java
import java.io.ByteArrayOutputStream;
import java.io.IOException;
import java.io.InputStream;
import java.net.ServerSocket;
import java.net.Socket;
public class TCPServer {
    public static void main(String[] args) {
        ServerSocket serverSocket = null;
        Socket socket = null;
        InputStream is = null;
        ByteArrayOutputStream baos = null;
        try {
            //1.创建服务端的 ServerSocket,指明自己的端口号
            serverSocket = new ServerSocket(8090);
            //2.调用 accept 接收到来自于客户端的 socket
            socket = serverSocket.accept();// 阻塞式监听,会一直等待客户端的接入
            //3.获取 socket 的输入流
            is = socket.getInputStream();
            //4.读取输入流中的数据
            //ByteArrayOutputStream 的好处是它可以根据数据的大小自动扩充
            baos = new ByteArrayOutputStream();
            int len = 0;
            byte[] buffer = new byte[1024];
            while ((len = is.read(buffer))! = -1){
                baos.write(buffer,0,len);
            }
            System.out.println(" 收 到 了 来 自 于 客 户 端 " + socket.getInetAddress().
getHostName()
                        +" 的消息:" + baos.toString());
        } catch (IOException e) {
            e.printStackTrace();
        } finally {//5.关闭资源
            if(serverSocket! = null){
                try {
                    serverSocket.close();
                } catch (IOException e) {
                    e.printStackTrace();
                }
            }
```

```
            if(socket! = null){
                try {
                    socket.close();
                } catch (IOException e) {
                    e.printStackTrace();
                }
            }
            if(is! = null){
                try {
                    is.close();
                } catch (IOException e) {
                    e.printStackTrace();
                }
            }
            if(baos! = null){
                try {
                    baos.close();
                } catch (IOException e) {
                    e.printStackTrace();
                }
            }
        }
    }
}
                });
                }
        ));
    } catch (Exception e) {
        //add your error handling code here
        e.printStackTrace();
    }
    }
}
```

TCP 通信程序运行结果如图 10.3 所示。

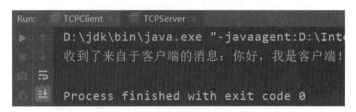

图 10.3　TCP 通信程序运行结果

**任务实施**

### 1. 任务分析

本任务要使用北斗定位模块获取地理位置信息。

（1）创建工程。

（2）编写采集北斗定位模块信息类 BeiDouAuto.java。

（3）采集数据并输出到控制台。

### 2. 任务实施

（1）搭建工程。

搭建工程如图 10.4 所示。

图 10.4　搭建工程

其中,GetDataByBeiDou 是程序的入口。

(2) 编写采集北斗定位模块信息类 BeiDouAuto.java。

在包 com.lend.device.beidou 下新建类 GetDataByBeiDou,在类中定义采集北斗定位模块信息的定时器、采集时间间隔、指令等属性。

北斗定位信息采集指令的格式如下。

命令帧格式见表10.6。

表 10.6　命令帧格式

| 地址 | 功能码 | 寄存器起始地址 | 寄存器个数 | CRC 校验 |
|------|--------|----------------|------------|----------|
| 0x01 | 0x03 | 0x00 0x05 | 0x00 0x23 | 0x14 0x12 |

响应帧格式见表10.7。

表 10.7　响应帧格式

| 地址 | 功能码 | 数据长度 | 数据 | CRC 校验 |
|------|--------|----------|------|----------|
| 0x01 | 0x03 | 0x46 | 70 B 数据 | 2 B 校验 |

接下来在构造函数中初始化定义的属性,构造函数需要添加 SerialPort 参数,在初始化 BeiDouAuto 类对象时,将北斗模块连接的串口对象传递进来,代码如下:

```java
public class BeiDouAuto {
    // 定时器
    private Timer timer;
    // 定时查询状态时间
    private long period;
    // 指令
    private byte[] order;
    // 北斗模块串口
    private SerialPort port;
    // 存储定位信息
    public static Map < String,Double > map = new HashMap <> ();
    public BeiDouAuto(SerialPort port,long period){
        this.port = port;
        this.period = 2000;
        order = new byte[]{0x01,0x03,0x00,0x05,0x00,0x23,0x14,0x12};
        addListener();
    }
}
```

在 BeiDouAuto 类中分别封装单次采集定位信息的方法,代码如下:

```
/ * *
 * 获取单次定位信息
 */
public void getLocationOnce(){
    try {
        SerialPortManager.sendToPort(port,order);
    } catch (SendDataToSerialPortFailure e) {
        throw new RuntimeException(e);
    }
}
```

在 BeiDouAuto 类中定义 addListener 方法,用来为串口添加事件监听,并在监听器中按照北斗设备协议解析定位数据。在开发过程中,可以根据实际需求解析所需数据,这里只对经纬度进行解析,代码如下:

```
/ * *
 * 添加串口监听,解析定位信息
 */
public void addListener(){
    SerialPortManager.addListener(port, serialPortEvent —> {
        byte[] bytes = SerialPortManager.readFromPort(port);
        String res = new String(bytes);
        System.out.println(res);
        // 解析经度
        System.out.println(" 精度:" + res.split(",")[0]);
        // 解析经度
        System.out.println(" 纬度:" + res.split(",")[1]);
    });
}
```

(3)采集数据并输出到控制台,获取采集经纬度结果如图 10.5 所示。

图 10.5　获取采集经纬度结果

（1）一个设备中能否出现两个应用程序的端口号一样的情况，为什么？

（2）通信协议是什么？

（3）TCP通信协议的特点是什么？

（4）TCP通信的客户端的代表类是什么？

（5）TCP通信如何发送、接收数据？

# 任务 10.2　　将经纬度数据上报到云平台

**学习目标**

（1）了解网络通信模式。

（2）了解通过 UDP 通信。

（3）了解 UDP 网络编程。

**工作任务**

数据上报到云平台：根据任务 10.1 获取到的经纬度数据上报到云平台。

**课前预习**

（1）网络通信的三要素是什么？

（2）两大传输层协议是什么？

（3）网络通信基本模式有几种？

**相关知识**

将经纬度数
据上报到云
平台

## 1. 网络的通信模式

常见的通信模式如下。

（1）Client/Server（CS）。

①Client 客户端。需要程序员开发实现，用户需要安装客户端。

②Server 服务端。需要程序员开发实现。

（2）Browser/Server（BS）。

①Browser（浏览器）。不需要程序员开发实现，用户需要安装浏览器。

②Server 服务端。需要程序员开发实现。

## 2. UDP 协议

（1）UDP 协议的特点。

①UDP 是一种无连接、不可靠传输的协议。

② 将数据源 IP、目的 IP 和端口以及数据封装成数据包,不需要建立连接。

③ 每个数据包大小限制在 64 KB 内,直接发送出去即可。

④ 发送不管对方是否准备好,接收方收到也不确认,是不可靠的。

⑤ 可以广播发送,发送数据结束时无须释放资源,开销小,速度快。

(2)UDP 协议通信场景。

UDP 协议通信场景包括语音通话、视频通话等。

### 3. UDP 网络编程

(1)简介。

① 从技术意义上来讲,只有 TCP 才会分 Server 和 Client。对于 UDP 来说,严格意义上并没有所谓的 Server 和 Client。

②java.net 包提供了两个类:DatagramSocket(此类表示用于发送和接收数据报的套接字)和 DatagramPacket(该类表示数据报的数据包)。

(2)DatagramSocket。

①protected DatagramSocket() 构造数据报套接字并将其绑定到本地主机上的任何可用端口。

②protected DatagramSocket(int port) 构造数据报套接字并将其绑定到本地主机上的指定端口。

③protected DatagramSocket(int port,InetAddress laddr) 创建一个数据报套接字并将其绑定到指定的本地地址。

(3)DatagramPacket。

① 构造方法摘要。

a.DatagramPacket(byte[] buf,int offset,int length) 构造一个 DatagramPacket 用于接收指定长度的数据包到缓存区中。

b.DatagramPacket(byte[] buf,int offset,int length,InetAddress address,int port) 构造用于发送指定长度的数据包到指定主机的指定端口号上。

② 常用方法摘要。

a.byte[] getData() 返回数据报包中的数据。

b.InetAddress getAddress() 返回该数据报发送或接收数据报的计算机的 IP 地址。

c.int getLength() 返回要发送的数据的长度或接收到的数据的长度。

(4)代码实现。

【案例演示 1】

发送方代码如下:

```
import java.io.IOException；
import java.net.DatagramPacket；
import java.net.DatagramSocket；
import java.net.InetAddress；
public class UDPSender {
    public static void main(String[] args) throws IOException {
        //1.创建一个socket
        DatagramSocket socket = new DatagramSocket();
        InetAddress inet = InetAddress.getLocalHost();
        String msg ="你好,很高兴认识你! ";
        byte[] buffer = msg.getBytes();
        //2.创建一个包(要发送给谁)
        DatagramPacket packet = new DatagramPacket
(buffer,0,buffer.length,inet,9090);
        //3.发送包
        socket.send(packet);
        //4.释放资源
        socket.close();
    }
}
```

接收方代码如下：

```
import java.io.IOException；
import java.net.DatagramPacket；
import java.net.DatagramSocket；
public class UDPReceiver {
    public static void main(String[] args) throws IOException {
        //1.创建一个socket,开放端口
        DatagramSocket socket = new DatagramSocket(9090);
        byte[] buffer = new byte[1024];
        //2.创建一个包接收数据
        DatagramPacket packet = new DatagramPacket(buffer, 0, buffer.length);
        //3.接收数据
        socket.receive(packet);// 阻塞式接收
        // 将数据包转换为字符串输出
        String msg = new String(packet.getData(), 0, packet.getLength());
        System.out.println(msg);
        //4.释放资源
        socket.close();
    }
}
```

运行结果如图 10.6 所示。

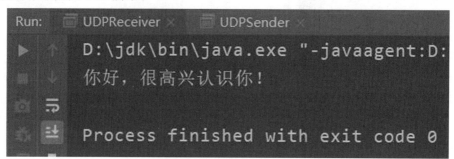

图 10.6　运行结果

注意:如果是 TCP 中先启动,客户端会报错,其如图 10.7 所示。而如果是 UDP 中先启动,发送方不会报错,但会正常退出。

```
java.net.ConnectException: Connection refused: connect
```

图 10.7　客户端报错运行结果

【案例演示 2】

完成在线咨询功能,学生和老师在线一对一交流(多线程)。

发送方代码如下:

```java
import java.io.BufferedReader;
import java.io.IOException;
import java.io.InputStreamReader;
import java.net.DatagramPacket;
import java.net.DatagramSocket;
import java.net.InetAddress;
import java.net.SocketException;
public class UDPSender implements Runnable{
    // 创建一个 socket
    DatagramSocket socket = null;
    // 创建一个流,用于录入键盘的数据
    BufferedReader bfr = null;
    // 发送数据目的地的 IP
    private String toIP;
    // 发送数据目的地的端口
    private int toPort;
    public UDPSender(String toIP, int toPort) {
        this.toIP = toIP;
        this.toPort = toPort;
        try {
            socket = new DatagramSocket();// 创建一个 socket
```

```
        } catch (SocketException e) {
            e.printStackTrace();
        }
        bfr = new BufferedReader(new InputStreamReader(System.in));// 从键盘录入数据到
流中
    }
    @Override
    public void run() {
        while (true){// 循环发送数据
            try {
                String msg = bfr.readLine();// 从流中读取数据
                byte[] buffer = msg.getBytes();
                InetAddress inet = InetAddress.getByName(toIP);
                DatagramPacket packet = new DatagramPacket(buffer, 0, buffer.length,
inet, toPort);
                socket.send(packet);
                // 如果发送了"拜拜",则退出发送
                if(msg.equals("拜拜")){
                    break;
                }
            } catch (IOException e) {
                e.printStackTrace();
            }
        }
        // 释放资源
        if(socket! = null){
            socket.close();
        }
        if (bfr! = null){
            try {
                bfr.close();
            } catch (IOException e) {
                e.printStackTrace();
            }
        }
    }
}
```

接收方代码如下：

```java
import java.io.IOException;
import java.net.DatagramPacket;
import java.net.DatagramSocket;
import java.net.SocketException;
public class UDPReceiver implements Runnable{
    // 创建一个 socket
    DatagramSocket socket = null;
    // 接收方自己所在的端口
    private int fromPort;
    // 数据发送者的姓名
    private String msgFrom;
    public UDPReceiver(int fromPort, String msgFrom) {
        this.fromPort = fromPort;
        this.msgFrom = msgFrom;
        try {
            socket = new DatagramSocket(fromPort);// 创建一个 socket
        } catch (SocketException e) {
            e.printStackTrace();
        }
    }
    @Override
    public void run() {
        while(true){// 循环接收
            try {
                byte[] buffer = new byte[1024 * 8];
                DatagramPacket packet = new DatagramPacket(buffer, 0, buffer.length);
                socket.receive(packet);
                String msg = new String(packet.getData(), 0, packet.getLength());
                System.out.println(msgFrom +":" + msg);
                if (msg.equals(" 拜拜")){// 如果接收到的数据为拜拜,则退出接收
                    break;
                }
            } catch (IOException e) {
                e.printStackTrace();
            }
        }
        // 释放资源
        socket.close();
    }
}
```

学生线程如下：

```
public class Student {
    public static void main(String[] args) {
        new Thread(new UDPSender("127.0.0.1",8888)).start();
        new Thread(new UDPReceiver(7777," 老师")).start();
    }
}
```

老师线程如下：

```
public class Teacher {
    public static void main(String[] args) {
        new Thread(new UDPSender("127.0.0.1",7777)).start();
        new Thread(new UDPReceiver(8888," 学生")).start();
    }
}
```

学生窗口和老师窗口运行结果如图 10.8 和图 10.9 所示。

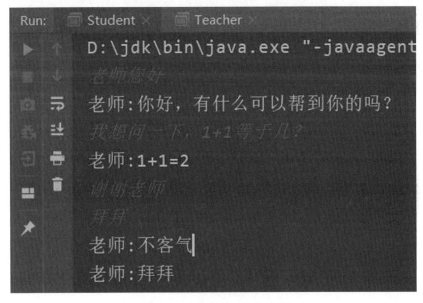

图 10.8　　学生窗口运行结果

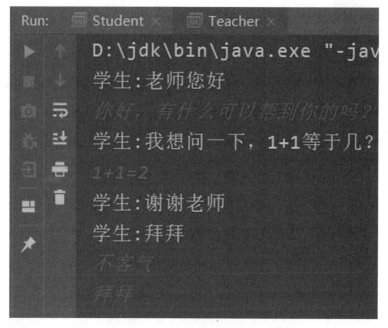

图 10.9　老师窗口运行结果

### 1. 任务分析

本任务要将获取到的经纬度数据上报到云平台。

（1）连接设备。

（2）云平台创建项目并添加传感器。

（3）实现数据上报功能。

（4）运行结果。

### 2. 任务实施

（1）连接设备。

连接并调试硬件设备，确保北斗定位模块能正常采集定位数据。

（2）云平台创建项目并添加传感器。

打开物联网云平台 http://www.nlecloud.com，注册账号并登录云平台，切换到"开发者中心"，单击"新增项目"选项，在弹出来的"添加项目"界面中填写以下内容。

项目名称为经线度数据上报（可以自定义）；行业类别为智慧城市；联网方案为 WIFI。

然后单击"下一步"按钮，在弹出来的"添加设备"界面中填写以下内容。

设备名称为 BEIDOU（可以自定义）；通信协议为 TCP；设备标识为 PKR123456（可以自定义）。单击"确定添加设备"按钮，设备添加完成后，即创建好"经纬度数据上报"项目。

（3）实现数据上报功能。

新建包 com.newland.device，将封装后的北斗设备采集工具类 BeiDouAuto 复制进来。在 com.newland.main 包中新建 Frame 作为程序入口，新建 main 函数，定义访问云平台必需的参数变量。再一次检查设备连接，确认 COM 口。以下代码中假设用的是COM2。初始化 BeiDouAuto 对象，调用 start 方法开始持续采集经纬度数据。初始化 GatewaySendThread 对象，调用 start 方法开始上报经纬度数据到云平台的代码如下：

```java
public class Frame{
public static void main(String[] args){
// 云平台 IP 地址
String ip ="ndp.nlecloud.com";
// 云平台通信端口 int port = 8600;
// 网关表示
String device =" 您的云平台项目中设备标识"
// 通信密钥
String key =" 您的设备传输密钥"
try {
SerialPort portBd = SerialPortManager.openPort("COM1",9600);
BeiDouAuto bdAuto = new BeiDouAuto(portBd);
bdAuto.start();
}catch(SerialPortParameterFailure | NotASerialPort | NoSuchPort | PortInUse e){
printStackTrace();
}
GatewaySendThread gatewatSendThread = new GatewaySendThread(ip, port,device,key);
gatewatSendThread.start();
}
}
```

（4）实现数据上报运行结果如图 10.10 所示。

```
运行:   GetDataByBeiDou ×
"C:\Program Files\Java\jdk1.8.0_281\bin\java.exe" ...
FFA$GNRMC,072905.00,A,3648.46260,N,11707.54950,E,000.0,000.0,050119.0K*248B
经度:36.674377
纬度:117.125825
36.674377
117.125825
{"datas":{"latitude":117.125825,"longitude":36.674377},"datatype":"1","msgid":"123","t":"3"}

进程已结束,退出代码0
```

图 10.10　实现数据上报运行结果

**任务训练**

（1）简述 TCP 与 UDP 的区别。

（2）简述 UDP 如何实现广播，具体怎么操作。

（3）简述 UDP 如何实现组播，具体怎么操作。

拓展知识

　　GPS 是一种卫星导航系统，可以提供准确的地理位置信息。了解 GPS 定位技术的原理和应用，可以更好地理解经纬度数据的来源和精度。

　　位置服务是一种基于地理位置的服务，可以帮助用户获取周围的信息和导航。地理信息系统（GIS）是一种用于收集、存储、分析和展示地理数据的技术和工具。了解位置服务和 GIS 的概念和应用，可以更好地理解和应用经纬度数据。

　　云计算是一种基于互联网的计算模式，可以提供弹性的计算和存储资源。大数据技术是一种用于处理和分析大规模数据的技术和方法。了解云计算和大数据技术的原理和应用，可以更好地理解和应用经纬度数据上报到云平台的技术基础。

# 参 考 文 献

[1]胡锦丽,薛文龙,刘晓东.Java 物联网程序设计基础[M].北京:机械工业出版社,2021.

[2]梁勇.Java 物程序设计[M].北京:机械工业出版社,2018.

[3]李兴华.Java 开发实战经典[M].北京:清华大学出版社,2018.

[4]王建辉,钟俊.基于 Java 串口通信的实时监控系统[J].数字技术用,2015(8):122-123.

[5]周化祥,许金元.Java 高级程序设计[M].北京:人民邮电出版社,2021.

[6]虞芬,王燕贞,徐杰,等.基于 Java 的物联网基础应用开发[M].北京:清华大学出版社,2021.

[7]周雯,薛文龙.Java 物联网程序设计基础[M].北京:机械工业出版社,2016.

[8]肖.Java 物联网、人工智能和区块链编程实战[M].王颖,周致成,黄星河,译.北京:清华大学出版社,2020.

[9]王先国,张海,王玉娟,等.Java 程序设计[M].北京:清华大学出版社,2020.

[10]张仁忠,骆金维.Java 程序设计教程[M].北京:电子工业出版社,2019.